Janine Mühe

Der Membranproteinkomplex BDLF2/BMRF2 des Epstein-Barr Virus

Janine Mühe

Der Membranproteinkomplex BDLF2/BMRF2 des Epstein-Barr Virus

Einfluss der viralen Proteine auf Signaltransduktionsmechanismen der Wirtszelle

Südwestdeutscher Verlag für Hochschulschriften

Impressum/Imprint (nur für Deutschland/only for Germany)
Bibliografische Information der Deutschen Nationalbibliothek: Die Deutsche Nationalbibliothek verzeichnet diese Publikation in der Deutschen Nationalbibliografie; detaillierte bibliografische Daten sind im Internet über http://dnb.d-nb.de abrufbar.
Alle in diesem Buch genannten Marken und Produktnamen unterliegen warenzeichen-, marken- oder patentrechtlichem Schutz bzw. sind Warenzeichen oder eingetragene Warenzeichen der jeweiligen Inhaber. Die Wiedergabe von Marken, Produktnamen, Gebrauchsnamen, Handelsnamen, Warenbezeichnungen u.s.w. in diesem Werk berechtigt auch ohne besondere Kennzeichnung nicht zu der Annahme, dass solche Namen im Sinne der Warenzeichen- und Markenschutzgesetzgebung als frei zu betrachten wären und daher von jedermann benutzt werden dürften.

Coverbild: www.ingimage.com

Verlag: Südwestdeutscher Verlag für Hochschulschriften GmbH & Co. KG
Heinrich-Böcking-Str. 6-8, 66121 Saarbrücken, Deutschland
Telefon +49 681 37 20 271-1, Telefax +49 681 37 20 271-0
Email: info@svh-verlag.de

Zugl.: Aachen, RWTH, Diss. 2012

Herstellung in Deutschland (siehe letzte Seite)
ISBN: 978-3-8381-3320-1

Imprint (only for USA, GB)
Bibliographic information published by the Deutsche Nationalbibliothek: The Deutsche Nationalbibliothek lists this publication in the Deutsche Nationalbibliografie; detailed bibliographic data are available in the Internet at http://dnb.d-nb.de.
Any brand names and product names mentioned in this book are subject to trademark, brand or patent protection and are trademarks or registered trademarks of their respective holders. The use of brand names, product names, common names, trade names, product descriptions etc. even without a particular marking in this works is in no way to be construed to mean that such names may be regarded as unrestricted in respect of trademark and brand protection legislation and could thus be used by anyone.

Cover image: www.ingimage.com

Publisher: Südwestdeutscher Verlag für Hochschulschriften GmbH & Co. KG
Heinrich-Böcking-Str. 6-8, 66121 Saarbrücken, Germany
Phone +49 681 37 20 271-1, Fax +49 681 37 20 271-0
Email: info@svh-verlag.de

Printed in the U.S.A.
Printed in the U.K. by (see last page)
ISBN: 978-3-8381-3320-1

Copyright © 2012 by the author and Südwestdeutscher Verlag für Hochschulschriften GmbH & Co. KG and licensors
All rights reserved. Saarbrücken 2012

INHALTSVERZEICHNIS

1. Einleitung 1
   1.1 Das Epstein-Barr Virus 1
   1.2 Infektion der Zielzellen durch EBV 2
   1.3 Virale Latenz und lytischer Zyklus 4
   1.4 Der Proteinkomplex BDLF2/BMRF2 6
   1.5 Regulation des Aktin-Zytoskeletts 8
   1.6 Die GTPasen der Rho-Familie 10
   1.7 Virale Einflüsse auf das Aktin-Zytoskelett 12
   1.8 Ziele der Arbeit 13
2. Material und Methoden 15
   2.1 Material 15
      2.1.1 Zelllinien 15
      2.1.2 Bakterienstämme 16
      2.1.3 Hefestämme 16
      2.1.4 Vektoren 17
      2.1.5 Oligonukleotide 29
      2.1.6 Antikörper 34
      2.1.7 Chemikalien 35
      2.1.8 Medien 38
      2.1.9 Lösungen 40
   2.2 Methoden 44
      2.2.1 Kultivierungsmethoden 44
         2.2.1.1 Kultivierung von Mammalia-Zellen 44
         2.2.1.2 Isolation primärer B-Lymphozyten und Monozyten 44
         2.2.1.3 Anlage von Kryokulturen 45
         2.2.1.4 Quantifizierung von Mammalia-Zellen 45
         2.2.1.5 Transfektion von Mammalia-Zellen 45
         2.2.1.6 Fluoreszenzmikroskopie 46
         2.2.1.7 Herstellung stabiler Zelllinien zur Produktion von rekombinantem EBV 47
         2.2.1.8 Induktion der 293-BAC-Zellen und Produktion rekombinanter EBVs 47
         2.2.1.9 Infektion von Mammalia-Zellen mit rekombinantem EBV 47
         2.2.1.10 Kultivierung von Bakterien 48

2.2.1.11	Herstellung von Glycerin-Kryokulturen	48
2.2.1.12	Kultivierung von Hefezellen	48
2.2.2	Molekularbiologische Methoden	48
2.2.2.1	Isolierung von Gesamt-DNA aus Mammalia-Zellen	48
2.2.2.2	Isolierung von Gesamt-RNA aus Mammalia-Zellen	48
2.2.2.3	Plasmid-Minipräparation aus *E. coli*	49
2.2.2.4	Plasmid-Maxipräparation aus *E. coli*	49
2.2.2.5	BAC-Minipräparation aus *E.coli*	49
2.2.2.6	Quantifizierung von Nukleinsäuren	50
2.2.2.7	Verdau von genomischer DNA in RNA-Lösungen mit *DNase I*	50
2.2.2.8	cDNA-Synthese	51
2.2.2.9	DNA-Amplifikationstechniken	51
2.2.2.10	Sequenzierung	53
2.2.2.11	Agarosegelelektrophorese	55
2.2.2.12	Aufreinigung von DNA-Fragmenten	55
2.2.2.13	Restriktionsanalyse	56
2.2.2.14	Ligation von DNA-Fragmenten	57
2.2.2.15	Dephosphorylierung von DNA-Fragmenten	57
2.2.2.16	Herstellung chemokompetenter *E. coli*-Zellen	57
2.2.2.17	Transformation chemokompetenter *E. coli*-Zellen	58
2.2.2.18	Transformation elektrokompetenter *E. coli*-Zellen	58
2.2.2.19	Mutation von DNA-Sequenzen mittels zielgerichteter Mutagenese	58
2.2.2.20	Mutagenese des EBV-BACs durch homologe Rekombination	59
2.2.2.21	Yeast Two Hybrid-Analyse	60
2.2.2.22	Southern Blot	62
2.2.3	Proteinbiochemische und immunologische Methoden	64
2.2.3.1	Proteinisolation aus Mammalia-Zellen	64
2.2.3.2	Quantifizierung von Proteinen	65
2.2.3.3	Deglykosylierung von Proteinen	65
2.2.3.4	Oberflächenbiotinylierung	66
2.2.3.5	Immunpräzipitation	67
2.2.3.6	RhoA-Aktivitätsnachweis	67
2.2.3.7	SDS-Polyacrylamidgelelektrophorese (SDS-PAGE)	68

Inhalt

    2.2.3.8   Coomassie-Färbung 69
    2.2.3.9   Silbernitratfärbung 69
    2.2.3.10   Western Blot 69
    2.2.3.11   Durchflusszytometrie (FACS-Analyse) 71
    2.2.3.12   Immunfluoreszenztest 71

3.   Ergebnisse 73
    3.1   Untersuchung des BDLF2-Promotors 73
        3.1.1   Einfluss von Zta und Rta auf BDLF2-Promotor-Fragmente 73
        3.1.2   Identifizierung der Zta- und Rta-Bindungsstellen innerhalb des BDLF2-Promotors 75
    3.2   Eigenschaften des BDLF2/BMRF2-Komplexes 77
        3.2.1   Posttranslationale Modifikationen von BDLF2 und BMRF2 77
        3.2.2   Untersuchung des Komplexes aus BDLF2 und BMRF2 79
    3.3   Identifizierung funktionaler Domänen der BDLF2- und BMRF2-Proteine 81
        3.3.1   N-terminale Deletion des BDLF2-Proteins 81
        3.3.2   Gezielte Expression einzelner Proteindomänen von BDLF2 und BMRF2 86
    3.4   Identifizierung von Interaktionspartnern des BDLF2/BMRF2-Komplexes 93
        3.4.1   *Yeast Two Hybrid*-Analyse des BDLF2-Bereichs 110-130 93
        3.4.2   Identifizierung von Proteinen aus BDLF2-Immunpräzipitaten 95
    3.5   Modulierung zellulärer Signalwege durch den BDLF2/BMRF2-Komplex 97
        3.5.1   Der BDLF2/BMRF2-Komplex hat keinen Einfluss auf RhoA oder dessen direkte Mediatoren 97
        3.5.2   Beteiligung der ERM-Proteine an den morphologischen Veränderungen 102
        3.5.3   Interaktion des BDLF2/BMRF2-Komplex mit PKCα 108
        3.5.4   Analyse von BDLF2/BMRF2 und PKCα in primären Epithelzellen 110
        3.5.5   Regulation RhoA-unabhängiger Signalwege 112
    3.6   Die Rolle von BDLF2 und BMRF2 im Ablauf der natürlichen Infektion 114
        3.6.1   Erzeugung von EBV-Mutanten zur Analyse der BDLF2/BMRF2-Funktion 114
        3.6.2   Charakterisierung der erzeugten EBV-Mutanten 117

4.   Diskussion 122
    4.1   Regulation der BDLF2/BMRF2-Aktivität 122
        4.1.1   Regulation der Transkription 122
        4.1.2   Regulation durch posttranskriptionale Modifikation 125

4.2	Funktionale Domänen des BDLF2-Proteins	130
4.3	Einfluss des BDLF2/BMRF2-Komplex auf zelluläre Signalwege oder Funktion des BDLF2/BMRF2-Komplex	136
4.4	Ausblick	140
5.	Zusammenfassung	141
6.	Referenzen	143
7.	Anhang	156

1. Einleitung

1.1 Das Epstein-Barr Virus

Anthony Epstein und Yvonne Barr isolierten 1964 ein Virus aus Burkitt-Lymphom-Zellen, das von Gertrude und Werner Henle als erstes Mitglied einer neuen Gattung der Herpesviren klassifiziert (γ-Herpesviridae) und in Anerkennung der Entdecker als Epstein-Barr Virus (EBV) bezeichnet wurde [1].

Das Epstein-Barr Virus, auch Humanes Herpesvirus 4 genannt, ist der Erreger der infektiösen Mononukleose, die Durchsuchungsrate liegt weltweit bei über 95 % der Erwachsenen [2]. Es besitzt die Fähigkeit zur Transformation und wird mit der Bildung verschiedener Tumore in Verbindung gebracht. Dazu zählen neben dem Burkitt-Lymphom, der häufigsten Tumorerkrankung bei Kindern und Jugendlichen in Afrika, auch das Hodgkin-Lymphom und das Nasopharynxkarzinom [3]. Wie alle Herpesviren verbleibt auch das Epstein-Barr Virus lebenslang im Körper (Persistenz), dabei liegt es hauptsächlich in einem ruhenden Zustand vor, der als Latenz bezeichnet wird. In regelmäßigen Abständen kommt es zur Reaktivierung des Virus, welches dann in den produktiven (lytischen) Zyklus übergeht. Dabei kommt es auch zur Ausscheidung des Virus über den Speichel und zur Übertragung auf einen neuen Wirt.

Herpesviren besitzen im Vergleich zu anderen Viren ein sehr großes doppelsträngiges DNA-Genom, das des EBV ist ca. 172 kbp groß. Es ist mit viralen Proteinen zum so genannten Virus-Kern assoziiert. Dieser liegt innerhalb eines ikosaedrischen Multiproteinkomplexes, dem Kapsid. Herpesviren besitzen als weitere Besonderheit eine Hülle, die von der Wirtsmembran abgeleitet ist und das Kapsid und weitere lösliche Proteine (Tegument) einschließt. Innerhalb der Viruspartikel liegt das EBV-Genom (Abbildung 1 A) linear vor, in infizierten Zellen kommt es jedoch schnell zur Zirkularisierung. Daran sind die *terminal repeats*, sich wiederholende Abschnitte an den Enden des Genoms, beteiligt [4]. Weitere interne Wiederholungseinheiten (*internal repeats*) teilen das Genom in verschiedene, einmalig vorkommende (*unique*) Abschnitte (U1-5) ein. Dem Virusisolat B95-8 fehlt am rechten Ende des Genoms ein circa 12 kbp großer Bereich, der Teile der Regionen U4 und U5 und den *internal repeat* IR4 umfasst.

Einleitung

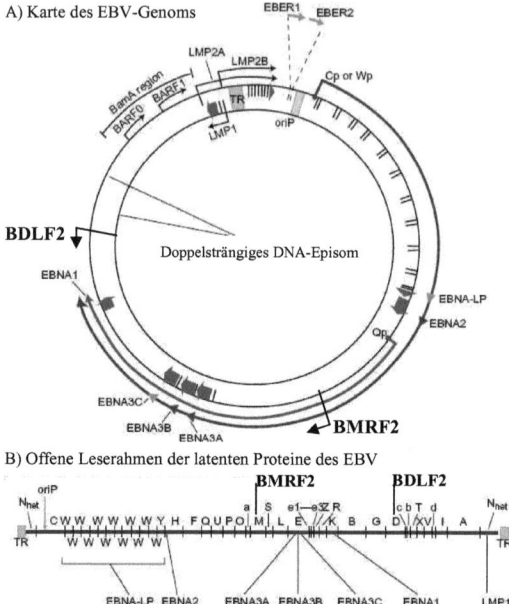

Abbildung 1: Karte des EBV-Genoms. Schema nach Murray et al. (2001) [5]. A: Doppelsträngiges DNA-Episom nach Zirkularisierung über die *terminal repeats* (TR). Dargestellt sind die latenten Gene mit den entsprechenden Promotoren. B: Lineares EBV-Genom; dargstellt sind die Fragmente nach BamHI-Verdau und die Lokalisation der latenten Gene.

Das EBV-Genom umfasst circa 100 offene Leserahmen. Die Bezeichnung der Gene orientiert sich an den Fragmenten, die nach Restriktionsanalyse des Genoms mit dem Enzym *Bam*HI entstehen (Abbildung 1 B) und nicht, wie bei den Alpha- und Betaherpesviren, an der Lage innerhalb der einmaligen Regionen. Die Fragmente werden mit Buchstaben in alphabetischer Reihenfolge bezeichnet, dabei wird mit dem größten Fragment (BamHI-A-Fragment) begonnen. Zusätzlich wird die Leserichtung (links oder rechts) des Gens angegeben, je nachdem von welchem DNA-Strang das Gen kodiert wird. Das Gen BDLF2 ist demnach der zweite offene Leserahmen (*open reading frame*) mit linker Orientierung auf dem viertgrößten DNA-Fragment (D-Fragment) nach Verdau des EBV-Genoms mit *Bam*HI.

1.2 Infektion der Zielzellen durch EBV

EBV ist ein lymphotropes Virus, das in erster Linie B-Zellen infiziert. Es konnte allerdings gezeigt werden, dass auch die Infektion von Epithelzellen wichtig für die Persistenz des Virus im infizierten Wirt ist. Neben diesen beiden Zelltypen, kann EBV auch Monozyten, T-Lymphozyten, natürliche Killer-Zellen und andere Zelltypen infizieren [6, 7].

Einleitung

Für die Bindung des EBV an eine B-Zelle ist das virale Glykoprotein (gp) 350/220 von entscheidender Bedeutung, welches zwei Isoformen von 350 bzw. 220 kD besitzt, die durch alternatives Spleißen entstehen [8]. Gp350/220 bindet an den B-Zell-Oberflächenmarker CD21 (auch CR2, *Complement Receptor 2*), der zum B-Zell-Rezeptor-Komplex gehört [9, 10]. Diese Bindung ist ebenfalls für den Eintritt des Virus in die Zelle verantwortlich, aber nicht für die Fusion mit der Membran [11, 12].

Die Bindung von EBV an Epithelzellen läuft nur selten über die Interaktion von gp350/220 mit CD21, da letzteres nur in sehr geringen Mengen in Epithelzellen exprimiert wird [13]. Statt dessen dient der Proteinkomplex gHgL als Bindungspartner für einen noch nicht identifizierten Rezeptor auf Epithelzellen, wobei die einzige bisher beschriebene Funktion des Proteins gL darin besteht die korrekte Faltung von gH und dessen Transport zur Membran zu unterstützen [14-17].

Der gHgL-Komplex spielt neben der Bindung des Virus an Epithelzellen auch eine wichtige Rolle bei der Fusion des Virus mit der Zellmembran, sowohl in B-Lymphozyten als auch in Epithelzellen. Zusammen mit einem weiteren viralen Protein, gB, stellt er das Kernstück des Fusionsapparats dar [18]. Der Eintritt des EBV in B-Zellen erfolgt durch Endozytose, die durch die Interaktion von gp350/220 mit CD21 ausgelöst wird [19]. Für die anschließende Fusion der viralen Hülle mit der B-Zell- (bzw. Vesikel-) Membran wird neben den Fusionsgrundbausteinen auch gp42 benötigt. Gp42 assoziiert mit gHgL (gHgLgp42) und interagiert mit dem humanen Leukozytenantigen II (HLA-II) auf der B-Zellmembran. Diese Interaktion löst schließlich die Membranfusion durch gB und die Hilfe von gHgL aus [20]. GB besitzt zwei Strukturen, die als *fusion loops* bezeichnet werden. Zurzeit wird angenommen, dass es durch eine Konformationsänderung des gB-Proteins zur Integration der *loops* in die Zellmembran kommt und damit zur Fusion mit der viralen Hülle [21]. Die Fusion des EBV mit Epithelzellen findet direkt an der Zellmembran statt und wird wahrscheinlich durch eine Interaktion von gH mit Integrinen (u. a. αvβ6 und αvβ8) induziert [19, 22]. Gp42 wird dabei nicht benötigt, es hat im Gegenteil sogar einen inhibitorischen Effekt [23]. Diese Beobachtung machte die Bedeutung von gp42 für den Zelltropismus deutlich.

Der trimere Komplex gHgLgp42 ist entscheidend für die Infektion von B-Zellen, bei Epithelzellen ist es allerdings nur der gHgL-Komplex. Interessanterweise wird in B-Zellen, die HLA-II positiv sind, der trimere Komplex durch die Interaktion zwischen gp42 und unreifen HLA-II-Komplexen teilweise abgebaut, wodurch die virale Hülle weniger gp42-assoziierte gHgL-Komplexe enthält und infektiöser für Epithelzellen ist [16]. In Epithelzellen, die kein HLA-II produzieren, findet keine Degradation des trimeren Komplexes gHgLgp42 statt, wodurch B-Zell-trope Viren freigesetzt werden.

Für polarisierte Epithelzellen wurde die Interaktion eines weiteren EBV-Glykoproteins, BMRF2, mit Integrinen beschrieben, die für eine erfolgreiche Infektion der Zellen eine Rolle spielt [24]. Diese Interaktion ist auch an der erfolgreichen Infektion von Gedächtnis-B-Zellen aus Mukosa-assoziierten lymphoiden Geweben beteiligt [25]. Es wird vermutet, dass die Infektion dieser beiden Zelltypen entscheidend für den Erhalt des persistenten Zustands im infizierten Wirt ist.

Im Anschluss an den erfolgreichen Eintritt des EBV in die Zielzelle erfolgt der Transport viraler Kapside durch das Zytoplasma, die Entfernung des Kapsids (*uncoating*) und der Transfer des linearen Virusgenoms in den Zellkern. Schon früh nach der Infektion kommt es zur Zirkularisierung des Genoms [26]. Daran sind die terminalen wiederholten Sequenzen (TR, *terminal repeats*) beteiligt [27]. Die Zirkularisierung ist eine wichtige Voraussetzung für die Replikation des Virusgenoms, sowohl während der Latenz als auch nach Induktion des lytischen Zyklus.

1.3 Virale Latenz und lytischer Zyklus

Während der Latenz des Epstein-Barr Virus liegt das virale Genom als zirkuläres extrachromosomales Episom mit bis zu 100 Kopien im Zellkern vor [28, 29]. Es findet nur eine einzige Replikation der Episome pro Zellzyklus statt und diese geschieht in der frühen S-Phase [30]. Ursprungsort für die virale Replikation ist *OriP* (*origin of replication* P) [31]. Die Bindung des EBV-nukleären Antigens 1 (EBNA1) reicht für die *OriP*-abhängige Replikation und den Erhalt des EBV-Genoms aus [32, 33]. Die Bindung von EBNA1 an *OriP* hat außerdem eine verstärkende Wirkung auf die Transkription latenter Gene [34, 35].

Während der Latenz werden nur maximal neun EBV-Proteine und zwei nicht-translatierte RNS-Moleküle exprimiert. Je nach Expressionsmuster unterscheidet man die folgenden Latenz-Formen [36]:

    Latenz I: EBNA1, EBER1 und -2

    Latenz II: EBNA1, LMP1, LMP2A und -2B, EBER1 und -2

    Latenz III: EBNA1, -2, -3, -LP, LMP1, -2A und -2B, EBER1 und -2

Latenz I findet man in Burkitt-Lymphomen, Latenz II wird in Nasopharynxkarzinomen beobachtet und Latenz III ist typisch für immortalisierte B-Zellen (lymphoblastoide Zelllinien).

Einleitung

Die Bedeutung von EBNA1 für die Erhalt des viralen Genoms während der Latenz wurde bereits erwähnt. Es ist daher auch nicht überraschend, dass EBNA1 in jedem der drei Latenzprogramme exprimiert wird. Trotzdem gibt es keine Immunreaktion gegen EBNA1, die ausreichen würde, EBV-infizierte Zellen abzutöten oder die Bildung EBV-assoziierter Tumore zu verhindern. Die Proteinsequenz von EBNA1 enthält Glycin-Glycin-Alanin-Wiederholungen. Diese verhindern die Prozessierung in Proteasomen und so die MHC-I-gekoppelte Antigenpräsentation, welche für die Erkennung infizierter Zellen durch zytotoxische T-Zellen gebraucht wird [37].

Auch EBER1 und -2 (*EBV-encoded RNA*) werden in allen Formen der EBV-Latenz gebildet. Sie stellen RNS-Moleküle ohne Polyadenylierungssignal dar und kodieren nicht für Proteine. Sie interagieren mit verschiedenen zellulären Proteinen, darunter auch die Proteinkinase R (PKR), was zur Inhibition Interferon-induzierter Apoptose führt [38, 39], und induzieren die Expression von wachstumsfördernden Zytokinen wie Interleukin 10 [40].

Alle Proteine, die in der Latenzphase exprimiert werden, tragen auch zur Tumorentstehung bei. Das latente Membranprotein 1 (LMP1) stellt einen Rezeptor der Tumornekrosefaktor-(TNF-)Familie dar, der ohne Ligandbindung aktiv ist. Dadurch stimuliert das Protein konstitutiv Zellproliferation, Transformation und Motilität infizierter Zellen und inhibiert Apoptose [41]. LMP2 verhindert die Signalübertragung des B-Zell-Rezeptors, wodurch die B-Zell-Differenzierung und so die Induktion des lytischen Zyklus durch LMP2A blockiert wird [42-44].

EBNA2 stellt einen Transkriptionsfaktor für die viralen Latenzgene und auch zelluläre Gene dar. Zu den durch EBNA2 induzierten zellulären Genen gehören die B-Zell-Oberflächenmarker CD21 und 23, aber auch das Proto-Onkogen *c-myc* [45-47]. Die Regulation der *c-myc*-Expression könnte eine wichtige Rolle bei der Induktion der Proliferation infizierter B-Zellen und damit für die Vermehrung EBV-positiver Zellen spielen.

Die Proteine EBNA3A, -3B und -3C regulieren die Transkription von Genen, die an Zellmigration und Invasion beteiligt sind, besitzen durch Interaktion mit zellulären Proteinen Tumor-fördernde und antiapoptotische Eigenschaften und besitzen *in vivo* eine wichtige Bedeutung für die virale Persistenz [48-51].

Zur Produktion von Virusnachkommen, muss der lytische Zyklus induziert werden. Dies kann *in vivo* zum Beispiel durch die Differenzierung von latent infizierten B-Zellen zu Plasmazellen geschehen [52]. *In vitro* werden unter anderen chemischen Induktoren, wie 12-*O*-tetra-decanoyl-phorbol-13-Acetat (TPA), verwendet [53]. Der lytische Zyklus läuft in einer

Einleitung

Kaskade ab, in der reguliert verschiedene Gruppen von Genen exprimiert werden. Man unterscheidet dabei frühe, verzögert frühe und späte Gene. Die zwei ersten Proteine, die während der lytischen Phase gebildet werden und damit zu den frühen Genen zählend, sind Zta und Rta (kodiert durch BZLF1 bzw. BRLF1). Beide stellen Transkriptionsfaktoren dar, die sowohl ihre eigene Expression als auch die Expression der verzögerten und späten Gene aktivieren [54, 55]. Für Zta konnte außerdem ein inhibitorischer Effekt auf Promotoren latenter Gene gezeigt werden [56]. Damit sind die beiden Proteine die Haupteffektoren bei der Umstellung der viralen Expression auf den lytischen Zyklus.

Zu den verzögert frühen Genprodukten zählen vor allem die Proteine des lytischen Replikationsapparats [57]. Die Replikation des viralen Genoms während des lytischen Zyklus findet nach dem *rolling-circle*-Mechanismus statt und beginnt am so genannten *OriLyt* [58]. Bei diesem Prozess entstehen lange Konkatemere viraler DNA, die anschließend geschnitten und in Kapside verpackt werden [4].

Im Anschluss an die Replikation erfolgen die Transkription der späten Gene, die Strukturproteine kodieren, und der Zusammenbau von neuen Viruspartikeln. Der Aufbau von viralen Kapsiden findet im Zellkern statt, wo auch das virale Genom in das Kapsid geschleust wird. Wahrscheinlich assoziiert das Nukleokapsid mit einer Reihe von Tegumentproteinen bevor es aus dem Zellkern transportiert wird. Dieser Prozess ist nicht vollständig geklärt. Der derzeitige Stand der Wissenschaft lässt jedoch vermuten, dass die Nukleokapside an der inneren Kernmembran ausknospen und dabei eine vorläufige Hülle erhalten [59]. Diese geht beim Transport zur Zellmembran im Endoplasmatischen Retikulum wieder verloren und wird im Golgi-Netzwerk oder an der Zytoplasmamembran durch die endgültige Virushülle ersetzt. Der Proteinkomplex gN/gM (BRLF1/BBRF3) scheint durch Interaktion mit dem Tegument an der Assoziation der viralen Kapside mit der Membranhülle beteiligt zu sein [60]. Auch die Beteiligung von zellulären Proteinen (z.B. Aktin) an diesen Prozessen wird immer deutlicher [61]. Die virale Hülle enthält die Glykoproteine, wie gp350/220 oder gHgL, die für die Bindung des Virus an die Zellen und die Fusion verantwortlich sind. Sie zählen ebenfalls zu den späten Genen.

1.4 Der Proteinkomplex BDLF2/BMRF2

Die Proteine BDLF2 und BMRF2 des Epstein-Barr Virus sind bisher kaum charakterisiert und ihre Funktion nahezu unbekannt. Bei beiden Proteinen handelt es sich um membranständige Glykoproteine, die in EBV-Virionen nachgewiesen werden konnten [24, 60,

[62-64]. Aus diesem Grund werden beide Proteine BDLF2 und BMRF2 der viralen Hülle zugeordnet [24, 63, 64].

BDLF2 ist ein TypII-Transmembranprotein mit einer Transmembrandomäne im Bereich der Aminosäuren 182-208. Der C-Terminus enthält sechs Glykosylierungsstellen, die vermutlich alle für posttranslationale Modifikationen verwendet werden, wobei das Glykosylierungsmuster von der Expression des BMRF2-Proteins abhängig ist [63]. Neben diesen Modifikationen zeigten erste Experimente von Gore *et al.* (2008), dass es zur Proteinspaltung des BDLF2-Proteins stromabwärts der Transmembrandomäne kommt, wodurch der C-Terminus abgespalten wird und der N-Terminus vermutlich innerhalb der Membran zurück bleibt [63]. Die Autoren vermuteten weiterhin, dass der N-Terminus mit dem Volllängenprotein assoziiert bleibt, allerdings konnte das bisher nicht eindeutig gezeigt werden.

Zur Funktion des BMRF2-Proteins sind deutlich mehr Studien durchgeführt worden. Es handelt sich ebenfalls um ein Glykoprotein, allerdings finden sich im Gegensatz zu BDLF2 hier *O*-verknüpfte Oligosaccharide [24, 62]. Außerdem werden für BMRF2 bis zu zehn Transmembrandomänen vorhergesagt, wodurch der Großteil des Proteins innerhalb der Membran lokalisiert ist. Die Aminosäuren 180-217 kodieren für eine extrazelluläre Domäne, die ein Integrin-bindendes Motiv (Arginin-Glycin-Asparaginsäure, RGD) enthält. Dieses Motiv befähigt BMRF2 mit β1-, α3-, α5- und αv-Integrinen zu interagieren [24]. Die Interaktion zwischen BMRF2 und β1-Integrinen an den basolateralen Bereichen polarisierter Epithelzellen ist an der Infektion von Epithelzellen, aber nicht B-Lymphozyten, durch EBV beteiligt [24, 64, 65]. Tugizov *et al.* (2003) konnte zeigen, dass die Infektion von polarisierten Epithelzellen mit zellfreien Viren durch die Zugabe von β1-Integrin- oder BMRF2-Antikörpern blockiert werden kann. Dabei werden sowohl die Bindung der Viruspartikel an als auch der Eintritt in die Zelle beeinflusst [64]. Eine Beteiligung von BMRF2 an der Infektion von Epithelzellen durch das Epstein-Barr Virus ist daher sehr wahrscheinlich. Ebenso konnte, wie bereits erwähnt, die Beteiligung von BMRF2 an der Infektion von B-Gedächtniszellen beschrieben werden [25]. Dadurch könnte die Bedeutung von BMRF2 für die Persistenz und den viralen Lebenszyklus größer sein als bisher vermutet.

Neben dem RGD-Motiv gibt es eine weitere interessante Domäne innerhalb des BMRF2-Proteins: Ein C-Terminales Tyrosin/Dileucin-(YLLV-) Motiv. Xiao *et al.* konnten zeigen, dass dieses Motiv für die basolaterale Sortierung des Proteins in polarisierten Epithelzellen und damit der Transport an die entsprechenden Bereiche der Zytoplasmamembran verantwortlich ist, welche eine Grundvoraussetzung für die Interaktion mit zellulären Integrinen ist [66].

Nach heutigem Wissensstand bilden die beiden Proteine BDLF2 und BMRF2 einen Komplex an der Zellmembran. Untersuchungen zur Lokalisation der Proteine in transfizierten und infizierten Zellen zeigten, dass einzeln exprimiertes BDLF2 im Endoplasmatischen Retikulum zurück gehalten wird und BMRF2 in Bereichen des Transgolgi-Netzwerks und endosomaler Kompartimente lokalisiert ist [24, 63, 66, 67]. Werden beide Proteine jedoch koexprimiert, entweder durch Transfektion oder nach Infektion, kommt es zur Relokalisation beider Proteine an die Zytoplasmamembran [24, 63, 67]. Erste Analysen zeigten, dass BDLF2 und BMRF2 in direkter Interaktion stehen, wodurch ihre Funktionalität als Komplex nicht mehr angezweifelt wird [63]. Es bleibt daher zu überprüfen, welche Rolle die einzelnen Proteine innerhalb des Komplexes spielen und welche Funktionen der BDLF2/BMRF2-Komplex während einer Infektion durch das Epstein-Barr Virus besitzt.

Erste Hinweise auf die Funktion des Proteinkomplexes lieferten Vorarbeiten am Lehr- und Forschungsgebiet Virologie (siehe auch Loesing *et al.*, 2009 [67]). Werden beide Proteine in epithelialen Zelllinien koexprimiert, verändert sich die Zellmorphologie auf dramatische Weise: Es bilden sich lange, teilweise verzweigte Zellausläufer. Diese stellen Aktin-Strukturen dar, deren Bildung über den RhoA-Signalweg reguliert werden [67]. Legt man die bisherigen Erkenntnisse über die Beteiligung des BMRF2-Proteins während der Infektion von Epithelzellen durch EBV zu Grunde, liegt die Vermutung nahe, dass diese Zellausläufer an der Virusausbreitung von Zelle zu Zelle beteiligt sein könnten.

1.5 Regulation des Aktin-Zytoskeletts

Das Aktin-Zytoskelett stellt das Rückgrat der Zelle dar. Es ist verantwortlich für die Stabilität und Morphologie der Zelle und ist eine Voraussetzung für verschiedene zelluläre Prozesse wie Zellmigration, Zytokinese, sowie Endo- und Exozytose [68-71].

Monomeres Aktin (G-Aktin) ist der Grundbaustein, der all diese Prozesse ermöglicht. Es lagert sich mit anderen Aktin-Monomeren zu Filamenten zusammen (F-Aktin), die ein dichtes Netz innerhalb der Zelle bilden. Jedes Filament besitzt ein (+)- und ein (-)-Ende. ATP-gebundenes Aktin lagert sich hauptsächlich am (+)-Ende an, durch die interne ATPase-Aktivität wird das ATP zu ADP hydrolysiert und ADP-Aktin wird vor allem am (-)-Ende wieder freigesetzt. An der Polymerisation des Aktins zu Filamenten ist eine Reihe von Aktin-bindenen Proteinen beteiligt.

Der Arp2/3-Komplex ist verantwortlich für die Bildung eines Aktin-Kerns. Er bindet vorhandene Filamente und induziert seitliche Verzweigungen [72]. Profilin bindet monomeres Aktin, trägt zum Austausch von gebundenem GDP zu GTP bei und fördert so die Aktin-Polymerisation [73, 74]. Durch die Bindung von Kappungsproteinen an das (+)-Ende der Filamente und die damit einhergehende Inhibition der Polymerisation erhöht sich die Konzentration monomeren Aktins, wodurch die wenigen verbliebenen ungekappten Filamente deutlich schneller wachsen. Dieser Prozess wird als *funneling* bezeichnet [75, 76]. Die Kappung reguliert auch die Länge der gebildeten Aktin-Filamente und damit die Dichte des Aktin-Netzwerks [77]. Einzelne Aktin-Filamente werden durch die Aktivität von Fascin und Ena/VASP gebündelt und synchron verlängert [78-80]. Cofilin besitzt die Fähigkeit, Aktinfilamente zu zerschneiden, wodurch zum einen die Depolymerisation der Filamente gefördert wird und zum anderen neue (+)-Enden für den Aufbau von Filamenten zur Verfügung gestellt werden [81, 82].

Andere Proteine sind an der Verankerung des Aktin-Zytoskeletts an der Zellmembran beteiligt. Dazu zählt Talin, das eine Kopf-Domäne besitzt, die direkt mit αIIb-, β1- und β3-Integrinen, der Fokaladhäsions-Kinase (FAK, *focal adhesion kinase*), Phosphatidylinositol-4,5-bisphosphat (PIP$_2$) und selbstverständlich Aktin interagiert [83]. Vinculin verbindet das Aktin-Zytoskelett mit Adhäsionsproteinen durch Bindung von sowohl Aktin, Arp2/3 und VASP als auch α-Actinin, β-Catenin, Talin und Paxilin [84-87]. Die Aktivitäten von Talin und Vinculin tragen auch zur Bildung von fokalen Adhäsionskontakten (*focal adhesions*) bei.

Die ERM-Proteine (Ezrin, Radixin und Moesin) sind in Membranstrukturen, wie Mikrovilli, Zell-Zell-Verbindungen und Teilungsfurchen sich teilender Zellen verstärkt zu finden [88, 89]. Die C-terminale Domäne interagiert direkt mit Aktin, der N-Terminus besitzt eine so genannte FERM- (*band 4.1, ezrin, radixin, moesin homology*) Domäne, die zytoplasmatische Bereiche integraler Membranproteine (z.B. CD43, CD44, ICAM-1, -2 und -3) bindet [90-94]. Durch Interaktion mit EBP50 (ERM-bindendes Protein mit einem Molekulargewicht von 50 kD) können die ERM-Proteine mit weiteren Membranproteinen in Kontakt treten (u. a. der Na$^+$/H$^+$-Austauscher) [95-97].

Durch gezielten Auf- und Abbau von Aktin-Filamenten an der Plasmamembran drücken diese gegen die Membran nach außen und führen so zur Bildung von Mikrovilli, Lamellipodien und Filopodien [98]. Diese Prozesse werden hauptsächlich durch die kleinen GTPasen der Rho-Familie reguliert.

Einleitung

1.6 Die GTPasen der Rho-Familie

In Säugetieren sind 22 verschiedene Rho GTPasen bekannt, doch die drei best untersuchten sind RhoA, Rac1 und Cdc42 [99]. RhoA reguliert die Bildung kontraktiler Aktinbündel (*stress fibers*), Rac1 die Bildung von Lamellipodien und Cdc42 die Bildung von Filopodien [100, 101]. Die Aktivität dieser GTPasen wird durch die Bindung und Hydrolyse von Guanin-Triphosphat (GTP) bestimmt, die es ermöglichen mit den Effektoren zu interagieren und sie zu aktivieren. Die GTP-Bindung wird durch Guanin-Nukleotid-Austausch-Faktoren (GEFs, *gunanine nucletotide exchange factors*), die die Freisetzung von GDP fördern und GTPase-aktivierten Proteinen (GAP, *GTPase-activated proteins*), die die GTP-Hydrolyse katalysieren, beeinflusst. Weitere Regulatoren sind die Inhibitoren der Freisetzung des Guanin-Nukleotids (GDI, *guanine nucleotide dissociation factors*), die die GTPase binden und so sowohl deren Interaktion mit der Zellmembran als auch mit den Effektoren verhindern [102, 103]. Im Folgenden werden einige Effektoren und damit verbundene Signalwege besprochen, die zu den erwähnten Veränderungen der Zellmorphologie führen.

Cdc42 induziert die Bildung von fingerförmigen Membranausläufern (Filopodien), die lange Aktin-Filament-Bündel enthalten und es der Zelle ermöglichen die nähere Umgebung auf lösliche und zelluläre Signale hin abzutasten [101, 104]. An der Bildung der Filopodien durch Cdc42 ist das Formin mDia2 beteiligt [105, 106]. Formine fördern die Bildung unverzweigter Filamente, was neben Filopodien zur Bildung von Aktin-Kabeln, kontraktilen Ringen und *stress fibers* führt. Damit spielen die Formine eine wichtige Rolle bei der Regulation von Zytokinese, Endozytose, Zell-Zell- und Zell-Matrix-Adhäsion [107, 108]. Cdc42 aktiviert außerdem WASP (*Wiskott-Aldrich syndrome protein*), N-WASP und Ena/VASP die wiederum den Arp2/3-Komplex zur Bildung eines Aktin-Kerns anregen und somit die Aktin-Polymerisation fördern [109, 110].

Rac1 fördert die Bildung eines verzweigten Aktin-Filament-Netzwerks, das als blattartige Membranaustülpung (Lamellipodien) sichtbar wird [111]. Auch Rac1 aktiviert WASP und N-WASP, allerdings über WAVE-Proteine (*WASP family Verprolin-homologous*). Letztere stellen bei der Bildung von Lamellipodien in migrierenden Zellen den Haupteffektor der Arp2/3-Aktivierung dar [112, 113]. Der aktivierte Arp2/3-Komplex induziert in diesem Fall die Verzweigung vorhandener Aktin-Filamente. Im Rac1-Signalweg spielen PAKs (p21-aktivierte Kinasen) eine Rolle, welche dann LIM-Kinasen aktivieren [114]. Diese phosphorylieren wiederum Cofilin und inaktivieren es dadurch. Auf diese Weise wird der Abbau von Aktin-Filamenten aufgehalten [115]. Auch VASP ist an der Spitze sich bildender

Lamellipodien zu finden, wo es mit WASP, aber nicht N-WASP interagiert und die Filament-Bildung induziert [116, 117].

RhoA ist verantwortlich für die Ausbildung von s*tress fibers*, kontraktile Bündel von Aktin- und Myosin-Filamenten, die über Aktin-bindende Proteine mit fokalen Adhäsionspunkten (*focal adhesions*) verbunden sind [118-120]. Sie ermöglichen das Nachziehen des hinteren Zellenrands sich bewegender Zellen [121]. Ihre Bildung wird in mehreren Schritten durch RhoA reguliert. Zunächst aktiviert RhoA die Rho-Kinase (ROCK), welche wiederum die leichte Kette des Myosins (MLC, *myosin light chain*) durch Phosphorylierung aktiviert und gleichzeitig die MLC-Phosphatase deaktiviert [122, 123]. Phosphoryliertes MLC lagert sich zu Myosin-Filamenten zusammen, die mit Aktin-Filamenten assoziieren und so die *stress fibers* bilden. ROCK aktiviert ebenfalls LIM-Kinasen, was, wie im Rac-Signalweg, zu einer Inhibition des Aktin-Filament-Abbaus führt [124, 125].

Auch im RhoA-Signalweg spielt ein Formin eine wichtige Rolle, in diesem Fall mDia1. MDia1 besitzt zum einen die Funktion eines lockeren Kappungsproteins von Aktin-Filamenten, wird zum anderen durch Profilin in ein aktives Motorprotein der Aktin-Zusammenlagerung umgewandelt und ermöglicht so wahrscheinlich die Verbindung wachsender Aktin-Filamente mit fokalen Adhäsionspunkten an der Membran [126, 127]. Durch die Aktivierung von mDia durch RhoA wird außerdem die Bildung der *focal adhesions* gefördert [128].

Neben dieser Reihe von Proteinen stellen auch Lipide, hauptsächlich Phosphatidylinositol-4,5-Bisphosphat (PIP_2), wichtige Effektoren der Rho-GTPasen bei der Regulation des Aktin-Zytoskeletts dar. Die Bildung von PIP_2 erfolgt durch die Phosphatidylinositol-4-Phosphat-5-Kinase (PI4P5K), die sowohl durch RhoA (über ROCK) als auch durch Rac1 aktiviert werden kann [129-131]. Das fokale Adhäsionsprotein Talin rekrutiert PIPK-Iγ zu fokalen Adhäsionspunkten, wo sie im Zusammenspiel Aktin-Filamente mit der Membran verknüpfen [132]. Weitere Proteine, die an diesem Prozess beteiligt sind, sind die bereits kurz erwähnten ERM-Proteine.

Die ERM-Proteine (Ezrin, Radixin und Moesin) können sowohl durch ROCK und PI4P5K, als auch durch PIP_2 aktiviert werden [94, 133-135]. Aber auch RhoA-unabhängige Wege führen zur ERM-Aktivierung. Dazu zählen die Phosphorylierung durch Proteinkinase C (PKC) und MRCK, einem Verwandten von ROCK, der durch Cdc42 reguliert wird [136-138]. Rac1 hat durch Aktivierung der PI4P5-Kinase Einfluss auf die Produktion von PIP_2 und führt so zur Aktivierung der ERM-Proteine, kann vermutlich aber auch ihre Dephosphorylierung induzieren [139, 140]. Durch diese verschiedenen Regulationsmechanismen sind die ERM-Proteine an der Bildung und dem Erhalt von Mikrovilli, der Bildung von Filopodien und anderen Membranstrukturen beteiligt [137, 141].

Welcher dieser Regulationsmechanismen an den BDLF2/BMRF2-induzierten Membranausläufern beteiligt ist, konnte bisher nicht beschrieben werden. Erste Voruntersuchungen zeigten eine Beteiligung des RhoA-Signalweges auf [67].

1.7 Virale Einflüsse auf das Aktin-Zytoskelett

Das Aktin-Zytoskelett spielt eine wichtige Rolle bei vielen verschiedenen zellulären Prozessen (Zellmigration, Zytokinese, Endo- und Exozytose [68-71]). Es ist daher nicht verwunderlich, dass sich Infektionserreger, insbesondere Viren, auch diese zellulären Komponenten zu Nutze machen. Die viral induzierten Veränderungen des Aktin-Netzwerks bzw. einzelner Bestandteile erleichtern (und in einigen Fällen ermöglichen) die Anlagerung der Viren an und den Eintritt in die Zielzellen, die virale Replikation, den Zusammenbau der Viruspartikel und ihre Ausschleusung, in einigen Fällen die Infektion benachbarter Zellen und die Transformation der infizierten Zellen – kurz gesagt den gesamten viralen Lebenszyklus [142].

Das Hepatitis B Virus (HBV) stimuliert die eigene Replikation durch Aktivierung von Rac1 [143]. Das virale Protein x (HBx) interagiert direkt mit dem zellulären Protein βPIX, welches einen Guanin-Nukleotid-Austausch-Faktor für Rac1 darstellt. Diese Interaktion aktiviert in der Folge Rac1, das anschließend einen positiven Effekt auf die virale Replikation besitzt [143]. Es wird vermutet, dass die durch Rac1-Aktivierung ausgelösten Aktin-Modulationen zur Migration infizierter Zellen beiträgt und damit bei der Tumorentstehung und Invasivität *in vivo* von Bedeutung sein könnte [143, 144].

Das respiratorische Synzytienvirus (RSV) breitet sich, wie sein Name verrät, durch die Bildung von Synzytien aus. An diesem Prozess ist das virale Fusionsprotein (F) maßgeblich beteiligt, allerdings bedarf es dafür auch Umstrukturierungen des Aktin-Zytoskeletts. RSV induziert in infizierten Zellen zunächst die Bildung von Mikrovilli. Diese enthalten das Fusionsprotein und ermöglichen die Verbindung von infizierten mit uninfizierten Zellen, die anschließend mit einander fusionieren [145]. Bei der Bildung der Mikrovilli macht sich RSV RhoA zu Eigen. RSV aktiviert RhoA durch Isoprenylierung, eine posttranslationale Modifikation, die eine erhöhte Membranassoziation zur Folge hat [146]. Dadurch kommt es vermutlich über ROCK zu einer verstärkten Moesin-Aktivierung und der Bildung von Mikrovilli [145]. Die Inhibition des RhoA-Signalwegs verhindert die RSV-induzierte Bildung von Mikrovilli und die Bildung von Synzytien. Interessanterweise scheint der RhoA-Signalweg auch für die Morphologie der RSV-Viruspartikel relevant zu sein. Die Behandlung RSV-infizierter Zellen mit C3-Exoenzym von *Clostridium botulinum*, das RhoA durch ADP Ribosylierung inaktiviert, induziert die Bildung sphärischer Viruspartikel. In unbehandelten Zellen, besitzen RSV-Partikel jedoch eine filamentöse Form. Ein Einfluss auf die Infektiösität der Viruspartikel konnte nicht beobachtet werden [145].

Das Protein F11L des Vaccinia Virus (VV) bindet RhoA und deaktiviert es, dadurch kommt es zum Verlust der Aktin-*stress fibers* und zur Ausbildung langer Zellausläufer [147]. Eine mögliche Erklärung für diese Interaktion lieferten Morales *et al.*. Sie zeigten, dass F11L an der Ablösung der Zelle vom Untergrund bzw. der Nachbarzellen beteiligt ist und so zur Zellmigration beiträgt [148]. Arakawa *et al.* konnten eine Rolle von F11L bei der Freisetzung des Vaccinia Virus beobachten. Sie erklärten diesen Effekt durch eine mögliche Umorganisation der Aktin-Rinde, die unter der Zellmembran liegt und als physikalische Barriere für exozytotische Prozesse dient. Erst diese, durch die Inhibition der RhoA-mDia-Signalkaskade ausgelöste, Umstrukturierung der Aktin-Rinde würde es den VV-Partikeln ermöglichen die Zellmembran zu erreichen und freigesetzt zu werden [149].

Pseudorabies Virus (PRV) induziert in infizierten Zellen den Abbau von Aktin *stress fibers*, sowie die Bildung langer, teilweise verzweigter Zellausläufer, die an der Ausbreitung des Virus beteiligt sind [150, 151]. Dieser Prozess ist ausschließlich abhängig von der Serin-Threonin Kinase US3, da auch Zellen, die mit einem US3-Expressionsvektor transfiziert wurden, die Bildung der Ausläufer zeigen. Favoreel *et al.* konnten demonstrieren, dass die induzierten Strukturen sowohl Aktin-Filamente und Mikrotubuli enthalten als auch PRV-Kapside und dass diese Kapside gerichtete Bewegungen zur Spitze der Zellausläufer zeigen [151]. Die US3-induzierte Umstrukturierung des Aktin-Zytoskeletts ist verbunden mit einer gesteigerten Aktivität der p21-aktivierten Kinasen (PAK) 1 und 2. US3 ist in der Lage PAK1 und 2 durch Phosphorylierung zu aktivieren. Welche Funktionen PAK1 und 2 dabei erfüllen, ist bislang jedoch ungeklärt [152]. Neueste Experimente haben gezeigt, dass auch die US3-Kinase des Herpes Simplex Virus 2 zelluläre Ausläufer induziert [153].

1.8 Ziele der Arbeit

Die derzeitigen Erkenntnisse über den BDLF2/BMRF2-Komplex und die homologen Proteine gp48 und ORF58 des Murinen Herpesvirus 68 (MHV-68) legen die Vermutung nahe, dass die viralen Proteine durch Induktion von Zellausläufern an der Zell-zu-Zell-

Einleitung

Ausbreitung des Epstein-Barr Virus beteiligt sind. In dieser Arbeit wurde die Funktion der Proteine BDLF2 und BMRF2 des Epstein-Barr Virus untersucht. Dabei galten der Analyse ihres Einfluss auf die zelluläre Morphologie und den daran beteiligten Signalübertragungsmechanismen besonderes Interesse.

Bei der Erfüllung dieser Aufgaben wurde folgendes Arbeitsprogramm zu Grunde gelegt:

Die Regulation der BDLF2-Expression durch die EBV-kodierten Transkriptionsfaktoren Zta und Rta wurden charakterisiert. Dazu wurden mit Hilfe von Verkürzungen und Mutationen des BDLF2-Promotors Bindungsstellen für Zta und Rta identifiziert. Regulationsprinzipien von BDLF2 und BMRF2 auf Proteinebene wurden durch Analyse posttranslationaler Modifikationen untersucht.

Mit Hilfe N-terminaler Deletionen und interner Mutationen des BDLF2-Proteins wurden funktionale Domänen des Proteins identifiziert. Dabei stand die Identifizierung der Domäne, die an der Induktion zellulärer Ausläufer beteiligt ist, im Vordergrund. Zu diesem Zweck wurden einzelne Proteindomänen von BDLF2 und auch BMRF2 in humanen Zellen exprimiert und auf ihre Fähigkeit zur Induktion morphologischer Veränderungen hin untersucht. Proteinfaktoren, die an solche Domänen binden, wurden identifiziert um Erkenntnisse über die Funktionsweise des BDLF2/BMRF2-Komplexes und seinen Einfluss auf zelluläre Signalwege zu gewinnen.

Weitere Kenntnisse zur Funktionsweise der viralen Proteine wurden durch Aufklärung der Signaltransduktionsmechanismen, die durch den BDLF2/BMRF2-Komplex genutzt werden, gewonnen. Dabei stand der RhoA-Signalweg im Vordergrund, der an der Induktion der morphologischen Veränderungen durch den BDLF2/BMRF2-Komplex beteiligt ist.

Überexpressionsexperimente können unerwünschte Nebeneffekte auslösen. Aus diesem Grund wurden EBV-Mutanten erzeugt, die Untersuchungen des Einflusses von BDLF2 und BMRF2 im Verlauf der Virusinfektion ermöglichen. Die hergestellten Mutanten können die Grundlage für Infektionsanalysen bilden, die die Rolle des BDLF2/BMRF2-Komplexes bei der Zell-zu-Zell-Übertragung des EBV aufklären – einer für EBV bisher nicht beschriebenen Form der Virusausbreitung.

2. Material und Methoden

2.1 Material

2.1.1 Zelllinien

2.1.1.1 BJAB

Die BJAB-Zellen stammen aus einem EBV-negativen Burkitt-Lymphom eines afrikanischen Patienten [154]. Sie sind mit EBV-infizierbar.

2.1.1.2 B95-8

Diese Zelllinie wurde aus Affen-B-Lymphozyten entwickelt, die mit EBV infiziert wurden [155]. Die Zellen durchlaufen den vollständigen lytischen Zyklus des EBV und setzen so hohe Virustiter frei.

2.1.1.3 HEK293

Die HEK293- bzw. 293-Zellen stammen von humanen Zellen der embryonalen Niere ab, die mit Hilfe des Adenovirus Typ 5 transformiert wurden [156].

2.1.1.4 Cos-7

Die Zelllinie Cos-7 wurde aus Nierenzellen der afrikanischen grünen Meerkatze entwickelt, die mit einer Mutante des Affenvirus SV-40 transformiert wurden [157]. Die Cos-7-Zellen unterstützen das Wachstum des SV-40.

2.1.1.5 Primäre Zellen aus Zungen- und Tonsillenepithel

Die primären Zungen- und Tonsillenepithelzellen wurden von Sharof Tugizov (Department of Medicine, University of California, San Francisco, USA) zur Verfügung gestellt.

2.1.1.6 293+p2089, 293+ΔBMRF2-EBV-BAC und 293+ΔBDLF2-EBV-BAC

Die Zelllinien, die zur Produktion von rekombinantem EBV verwendet werden, wurden freundlicherweise von Henri-Jacques Delecluse (Deutsches Krebsforschungszentrum, Heidelberg) zur Verfügung gestellt. Dabei wurde für die Herstellung der Zelllinie 293+ΔBDLF2-EBV-BAC das, in dieser Arbeit erzeugte, ΔBDLF2-BAC verwendet. Die Zellen tragen stabil das EBV-BAC des Wiltyps (p2089) bzw. von BMRF2⁻- oder BDLF2⁻-Mutanten. Zum Erhalt des BACs wurde dem Kulturmedium Hygromycin zugesetzt.

2.1.2 Bakterienstämme

2.1.2.1 One Shot® TOP10 Chemically Competent Cells (Invitrogen®)
Genotyp der Top10-Zellen:
F- mcrA Δ(mrr-hsdRMS-mcrBC) Φ80lacZΔM15 ΔlacX74 recA1 araD139 Δ(araleu) 7697 galU galK rpsL (StrR) endA1 nupG

2.1.2.2 DH5α
Genotyp der DH5α-Zellen:
F'/endA1 hsdR17($r_K^-m_K^+$) supE44 thi^{-1} recA1 gyrA (Nal^r) relA1 D(laclZYA-argF)U169 deoR (F80dlacD(lacZ)M15)

2.1.2.3 E-Shot™ DH10B™-T1R Electrocompetent Cells (Invitrogen®)
Genotyp der DH10B-Zellen:
F- mcrA Δ(mrr-hsdRMS-mcrBC) φ80lacZΔM15 ΔlacX74 recA1 endA1 araD139 Δ(ara, leu)7697 galU galK λ- rpsL nupG tonA

2.1.2.4 XL10-Gold® Ultracompetent Cells (Stratagene®)
Genotyp der XL10-Gold-Zellen:
TetrD(mcrA)183 D(mcrCB-hsdSMR-mrr)173 endA1 supE44 thi-1 recA1 gyrA96 relA1 lac Hte [F' proAB lacIqZDM15 Tn10 (Tetr) Amy Camr]

2.1.2.5 XL1-Blue Ultracompetent Cells (Stratagene®)
Genotyp der XL1-Blue-Zellen:
recA1 endA1 gyrA96 thi-1 hsdR17 supE44 relA1 lac [F' proAB lacIqZΔM15 Tn10 (Tetr)]

2.1.3 Hefestämme

2.1.3.1 S. cerevisae Y2HGold (Clontech, Mountain View)
Genotyp der Y2HGold-Zellen
MATa, trp1-901, leu2-3, 112, ura3-52, his3-200, gal4Δ, gal80Δ, LYS2 : : GAL1UAS– Gal1TATA–His3, GAL2UAS–Gal2TATA–Ade2 URA3 : : MEL1UAS–Mel1TATA AUR1-C MEL1

enthaltene Reportergene: AbAr, HIS3, ADE2, MEL1
Selektionsmarker: trp1, leu2 (Defekt in Tryptophan-, bzw. Leucinsynthese)

2.1.3.2 *S. cerevisae* Y187 (Clontech, Mountain View)

Genotyp der Y187-Zellen:

MATα, ura3-52, his3-200, ade2-101, trp1-901, leu2-3, 112, gal4Δ, gal80Δ, met–, URA3 : : GAL1UAS–Gal1TATA–LacZ, MEL1

enthaltene Reportergene: *MEL1, LacZ*

Selektionsmarker: *trp1, leu2* (Defekt in Tryptophan-, bzw. Leucinsynthese)

2.1.4 Vektoren

2.1.4.1 pEGFP-N1 (Clontech, Mountain View)

Der Vektor pEGFP-N1 ist ein Mammalia-Expressionsvektor. Er enthält eine EGFP-Expressionskassette, die durch einen CMV-Promotor reguliert wird. Die *multiple cloning site* am 5'-Ende des EGFP-Leserahmens ermöglicht die Fusion des gewünschten Proteins an den N-Terminus von EGFP. Durch eine Kanamycin/Neomycin-Resistenz kann auf das Vorhandensein des Plasmids in Bakterien und Mammalia-Zellen selektiert werden.

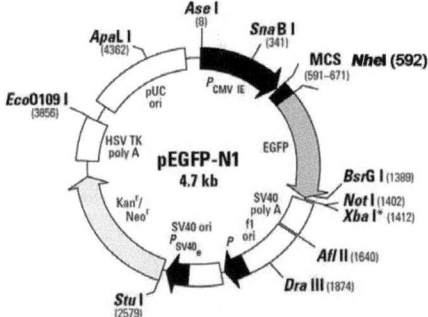

Abbildung 2: Plasmidkarte von pEGFP-N1 (Clontech). Die verwendete *Nhe*I-Schnittstelle innerhalb der *multiple cloning site* wurde in die offizielle Karte eingefügt.

2.1.4.2 pmCherry-C1 (Clontech, Mountain View)

Der Vektor pmCherry-C1 ist ein Mammalia-Expressionsvektor für das rot-fluoreszierende Protein mCherry, dessen Expression durch einen CMV-Promotor reguliert wird. Die *multiple cloning site* befindet sich am 3'-Ende des mCherry-Leserahmens und ermöglicht die Fusion des gewünschten Proteins am C-Terminus des Fluoreszenzfarbstoffs. Durch eine Kanamycin/Neomycin-Resistenz kann auf das Vorhandensein des Plasmids in Bakterien und Mammalia-Zellen selektiert werden.

Material und Methoden

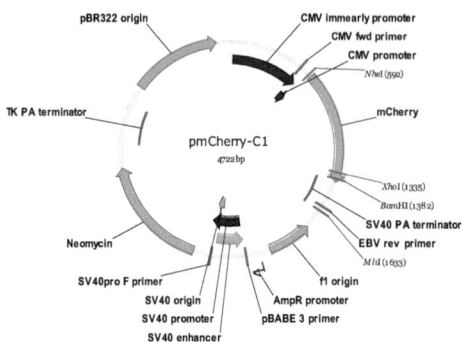

Abbildung 3: Plasmidkarte von pmCherry-C1. Enthalten sind alle verwendeten Restriktionsschnittstellen.

2.1.4.3 pmCherry-Not

Das Plasmid pmCherry-Not ist ein Derivat des Vektors pmCherry-C1 und wurde in dieser Arbeit hergestellt. Durch zielgerichtete Mutagenese wurde eine zusätzliche Restriktionsschnittstelle direkt stromaufwärts des mCherry-Leserahmens eingefügt.

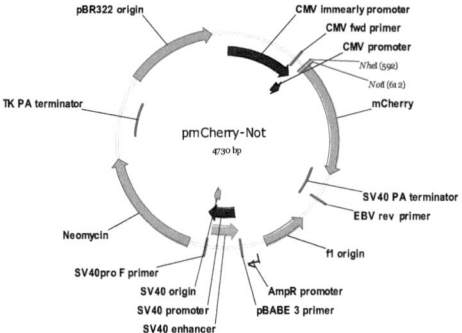

Abbildung 4: Plasmidkarte von pmCherry-Not. Die zusätzliche NotI-Restriktionsschnitstelle sowie die verwendete NheI-Stelle sind in der Karte enthalten.

2.1.4.4 pRSET/BFP (Invitrogen)

Das Plasmid pRSET/BFP ist ein bakterieller Vektor, der das blau-fluoreszierende Protein BFP enthält. Stromaufwärts des BFP-Leserahmens sind zusätzliche Epitope enthalten, die die Detektion des Proteins ermöglichen, z. B. ein 6xHis-*Tag*. Ein Ampicillin-Resistenzgen ermöglicht die Selektion in Bakterien.

Material und Methoden

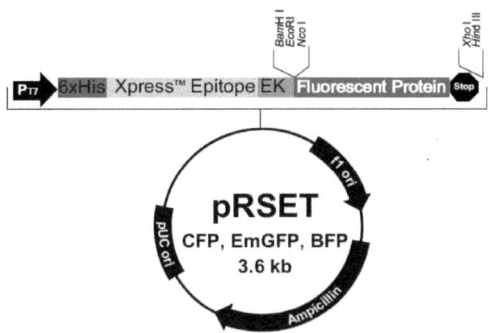

Abbildung 5: Plasmidkarte von pRSET/BFP (Invitrogen).

2.1.4.5 pCMVZ

Der Vektor pCMVZ ist ein Expressionsvektor für das BZLF1-Gen des Epstein-Barr Virus. Die Expression wird reguliert über einen CMV-Promotor. Der Vektor besitzt den Replikationsursprung des Plasmids Col E1 und ein Ampicillin-Resistenzgen.

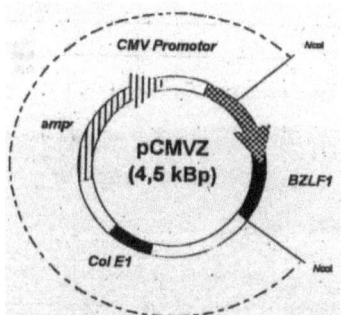

Abbildung 6: Karte des Vektors pCMVZ.

2.1.4.6 pcDNA-BRLF1

Das Plasmid pcDNA-BRLF1 wurde in meiner Diplomarbeit hergestellt. Es ermöglicht die Expression des Epstein-Barr Virus BRLF1-Gens reguliert durch einen CMV-Promotor. Neben zwei Replikationsursprüngen enthält der Vektor eine Ampicillin- und eine Neomycin-Resistenzkassette.

Material und Methoden

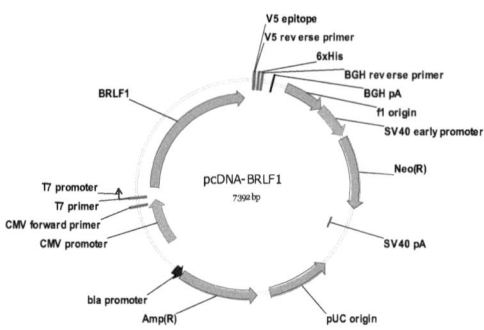

Abbildung 7: Karte des Vektors pcDNA-BRLF1.

2.1.4.7 pEGFP-C2-BDLF2

Der Vektor pEGFP-C2-BDLF2 ist ein Expressionsvektor für das BDLF2-Gen des Epstein-Barr Virus in translationaler Fusion mit dem grün-fluoreszierenden Protein (GFP). Die Expression wird durch den CMV-Promotor reguliert. Der Vektor enthält ein Kanamycin-Resistenzgen.

Das Plasmid wurde von Michael B. Gill (Division of Virology, Department of Pathology, University of Cambridge, Cambridge, UK) zur Verfügung gestellt.

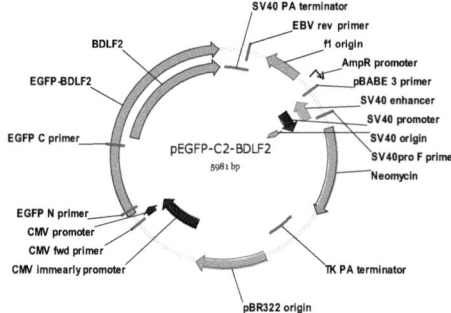

Abbildung 8: Karte des Vektors pEGFP-C2-BDLF2.

2.1.4.8 pEGFP-C2-BMRF2

Der Vektor pEGFP-C2-BMRF2 ist ein Expressionsvektor für das BMRF2-Gen des Epstein-Barr Virus in translationaler Fusion mit dem grün-fluoreszierenden Protein (GFP). Die Expression wird durch den CMV-Promotor reguliert. Der Vektor enthält ein Kanamycin-Resistenzgen.

Das Plasmid wurde ebenfalls von Michael B. Gill (Division of Virology, Department of Pathology, University of Cambridge, Cambridge, UK) zur Verfügung gestellt.

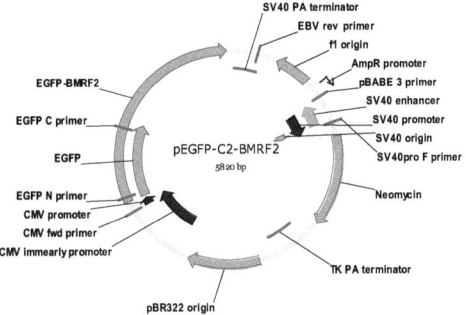

Abbildung 9: Karte des Vektors pEGFP-C2-BMRF2.

2.1.4.9 pmCherry-BDLF2

Das Plasmid pmCherry-BDLF2 ist ein pmCherry-C1-Derivat, bei dem der Leserahmen des BDLF2-Gens des Epstein-Barr Virus in translationaler Fusion zum mCherry-Gen eingefügt wurde.

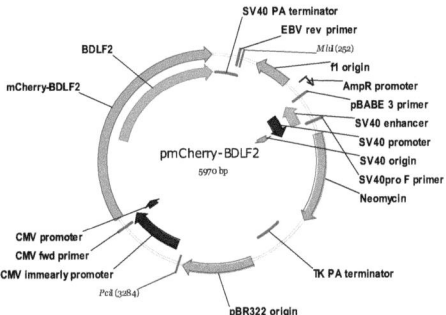

Abbildung 10: Karte des Vektors pmCherry-BDLF2. Dargestellt sind die verwendeten Restriktionsschnittstellen.

2.1.4.10 pmCherry-BDLF2-64-420 und pmCherry-BDLF2-121-420

Diese Plasmide wurden in dieser Arbeit erzeugt. Sie entsprechen dem pmCherry-BDLF2-Vektor, enthalten jedoch nur die Aminosäuren 64-420 bzw. 121-420 des BDLF2-Proteins. Diese Bereiche wurden durch Restriktion mit *Sma*I und *Sac*I aus den Plasmiden pDsRed-64-420 bzw. pDsRed-121-420 (Kirsten Kallinna, Jens Lösing) ausgeschnitten und in pmCherry-C1 eingefügt.

2.1.4.11 pmCherry-BMRF2

Der Vektor pmCherry-BMRF2 wurde in dieser Arbeit hergestellt. Er ist ein pmCherry-C1-Derivat. Der BMRF2-Leserahmen des Epstein-Barr Virus wurde mittels PCR amplifiziert. Die Primer BMRF2-ATG-5'-SacI und BMRF2-3'-SalI (Produktgröße 1106 bp) enthielten Erkennungssequenzen für die Restriktionsenzyme *Sac*I und *Sal*I. Das Amplifikat wurde anschließend in die *Sac*I/*Sal*I-Region des pmCherry-C1-Plasmids eingefügt.

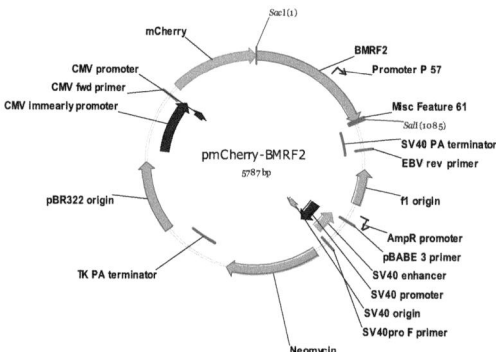

Abbildung 11: Karte des Vektors pmCherry-BMRF2. Dargestellt sind die für die Konstruktion verwendeten Restriktionsschnittstellen.

2.1.4.12 pmCherry-BDLF2-BMRF2

Der Vektor pmCherry-BDLF2-BMRF2 wurde in dieser Arbeit hergestellt und ist eine Erweiterung des Plasmids pmCherry-BDLF2. Die BMRF2-Expressionskassette des Vektors pmCherry-BMRF2, bestehend aus BMRF2-Leserahmen des Epstein-Barr Virus und CMV-Promotor, wurde mittels PCR amplifiziert. Die Primer enthielten Erkennungssequenzen für das Restriktionsenzym *Mlu*I. Das Plasmid pmCherry-BDLF2 wurde durch Restriktion mit *Mlu*I geöffnet und mit der BMRF2-Expressionskassette erweitert.

Material und Methoden

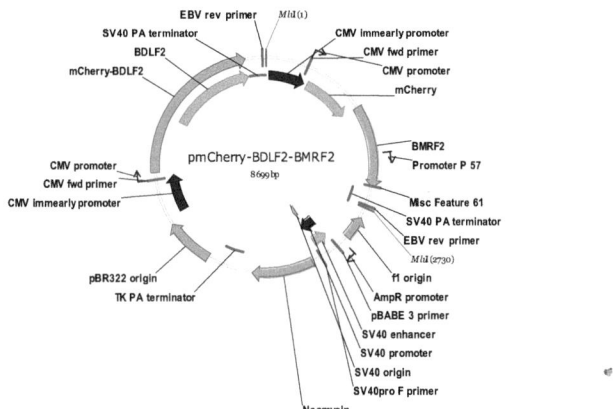

Abbildung 12: Karte des Vektors pmCherry-BDLF2-BMRF2. Dargestellt sind die für die Konstruktion verwendeten Restriktionsschnittstellen. Gezeigt ist nur eine mögliche Orientierung der BMRF2-Expressionskassette.

2.1.4.13 pIN-G [158]

Der Vektor pIN-G ermöglicht die gezielte Expression von Proteinbereichen in translationaler Fusion zu einer Transmembrandomäne und einer EGFP-Markierung. Ein CMV-Promotor reguliert die Expression des Fusionsproteins. Dieses beginnt mit der Führungssequenz der Igκ-Kette und wird gefolgt von dem EGFP-Leserahmen, der von einem HA- und einem myc-*Tag* flankiert wird. Zum 3'-Ende befindet sich die Transmembrandomäne (TMD) des PDGF-Rezeptors. Stromauf- und abwärts der TMD gibt es eine *muliple cloning site*, die das Einfügen der gewünschten Sequenz ermöglichen. Das Plasmid enthält desweiteren zwei Replikationsursprünge und ein Kanamycin-/Neomycin-Resistenzgen.

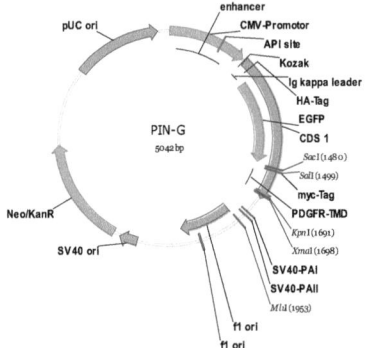

Abbildung 13: Karte des Vektors pIN-G. Dargestellt sind alle verwendeten Restriktionsschnittstellen.

2.1.4.14 pGBKT7 und pGADT7-AD (Clontech, Mountain View)

Die Plasmide pGBKT7 und pGADT7-AD ermöglichen die Expression in Hefen. Sie besitzen den 2μ-Replikationsursprung und ein Tryptophan- bzw. Leucinsynthesegen zur positiven Selektion. Beide Vektoren stammen aus dem *Matchmaker Gold Yeast Two Hybrid-System* (Clontech). pGBKT7 kodiert für die Gal4-DNA-Bindedomäne (BD), pGADT7 für die Gal4-Aktivierungsdomäne (AD). Durch Interaktion der einklonierten Proteinbereiche, gelangen BD und AD in ausreichende räumliche Nähe um den vollständigen Gal4-Hefetranskriptionsfaktor zu bilden und so die Transkription der Reportergene zu aktivieren.

PGBKT7 enthält eine *multiple cloning site* zum Einklonieren der zu untersuchenden Sequenz und eine Kanamycin-Resistenzkassette. Die cDNA-Bibliothek, die für das *Yeast Two Hybrid* verwendet wurde, wurde mit pGADT7-AD hergestellt. Dieses Plasmid enhält ein bakterielles Ampicillin-Resistenzgen. Mit Hilfe eines T7-Primers kann die enthaltene cDNA sequenziert und identifiziert werden.

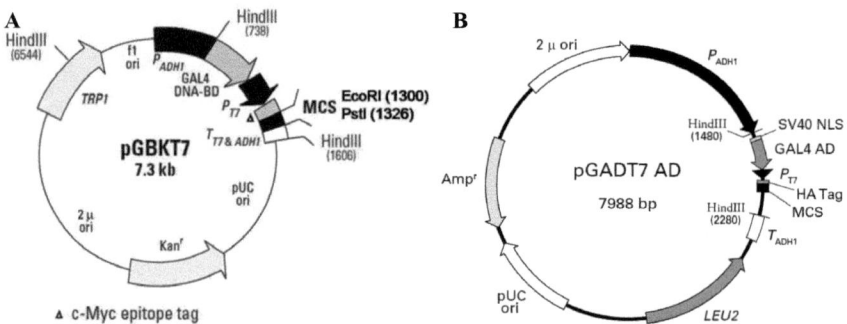

Abbildung 14: Plasmidkarten der Vektoren pGBKT7 (A) und pGADT7-AD (B). Dargestellt sind auch die verwendeten Restriktionsschnittstellen.

2.1.4.15 pcDNA-GFP-RhoA-WT/Q63L/T19N [159]

Die Plasmide pcDNA-GFP-RhoA-WT/Q63L/T19N sind Expressionsvektoren für RhoA in translationaler Fusion zu einem N-terminalen GFP. Die Veränderung des Glutaminrests an Position 63 zu Leucin (Q63L) und Threonin 19 zu Asparagin bewirken dominant-aktive bzw. –negative Eigenschaften. Die Vektoren wurden von Addgene (Cambridge, USA) bezogen.

2.1.4.16 pEGFP-N1-NH2-Ezrin und pEGFP-C2-COOH-Ezrin [160]

PEGFP-N1-NH2-Ezrin und pEGFP-C2-COOH-Ezrin sind Expressionsvektoren für die N-terminale (Aminosäuren 1–296) bzw. C-terminale Domäne (Aminosäuren 475–585) von

Ezrin in Fusion zu EGFP. Sie wurden, wie von Pust et al. (2005) beschrieben, konstruiert [160, 161].

2.1.4.17 cDNA-Klone für Ezrin, Radixin, Merlin und Fam35A

Die Klonierungsvektoren für die cDNAs von Ezrin (IRATp970F0787D), Radixin (IRATp970D0963D), Merlin (IRAUp969C1180D) und Fam35A (IRATp970G0778D) wurden von imaGenes (Berlin) bezogen.

2.1.4.18 pRFP-PH{PLCδ} [162]

Das Plasmid pRFP-PH{PLCδ} wurde freundlicherweise von Thomas Bohnacker (Institut für Biochemie und Genetik, Departement Biomedizin, Universität Basel, Basel, Schweiz) zur Verfügung gestellt. Es ist ein Mammalia-Expressionsvektor für die PH-Domäne der Phospholipase C δ in translationaler Fusion zu dem rot-fluoreszierenden Frabstoff RFP. Diese Domäne bindet spezifisch Phosphatidylinositol-4,5-Bisphosphat.

2.1.4.19 pcDNA3.1/V5-His© TOPO® (Invitrogen)

Der Vektor *pcDNA3.1/V5-His© TOPO®* von Invitrogen ist ein Expressionsvektor, der den CMV-Promotor enthält. Ein offener Leserahmen kann in Form eines PCR-Produktes vor den Promotor kloniert werden, wodurch es zur konstitutiven Expression kommt. Der Vektor enthält ein Ampicillin-Resistenzgen als Selektionsmarker. Der für diese Arbeit verwendete Vektor lag in einer religierten Form vor, bei der kein Insert in die TOPO-Klonierungsstelle eingebracht wurde.

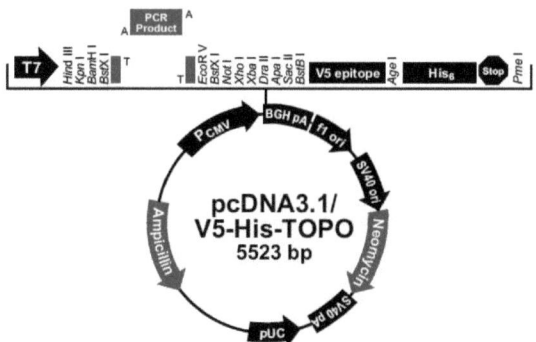

Abbildung 15: Karte des Vektors pcDNA3.1/V5-His© TOPO® (Invitrogen).

Material und Methoden

2.1.4.20 pcDNA-BDLF2-StopA und pcDNA-BDLF2-NE

Das Plasmid pcDNA-BDLF2 wurde in meiner Diplomarbeit hergestellt und ist ein pcDNA3.1/V5-His-TOPO-Derivat. Es enthält den Abschnitt 128.849-133.151 des EBV-B95-8-Genoms (NCBI), der den BDLF2-Leserahmen und stromauf- und abwärtsgelegene Regionen enthält. Es ist der Grundbaustein für die Plasmide pcDNA-BDLF2-StopA und pcDNA-BDLF2-NE.

Im Plasmid pcDNA-BDLF2-StopA, das ebenfalls in meiner Diplomarbeit konstruiert wurde, sind die Basen 132.350-132.356 durch die Sequenz „ctagctagctagaattctagctagctag" ersetzt, die für drei Translationsstops und eine *Eco*RI-Erkennungsequenz kodiert. Dadurch wird die Translation von BDLF2 nach 11 Aminosäuren abgebrochen wird.

PcDNA-BDLF2-NE enthält zusätzliche Restriktionserkennungssequenzen für *Not*I und *Eco*RI direkt stromaufwärts des BDLF2-Leserahmens. Dieses Plasmid wurde in dieser Arbeit mit Hilfe von zielgerichteter Mutagenese erzeugt.

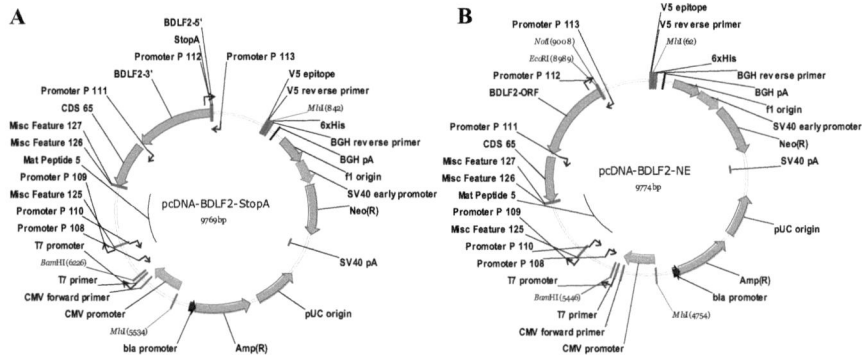

Abbildung 16: Plasmidkarten der Vektoren pcDNA-BDLF2-StopA (A) und pcDNA-BDLF2-NE (B). Die Stop-Sequenz und die verwendeten Restriktionsschnitstellen sind dargestellt.

2.1.4.21 Cosmid-Klon 161

Der Cosmid-Klon 161 ist ein 31,2 kb großes Derivat des Vektors cos553, welches einen Abschnitt des EBV-Genoms (Position 69.532-100.729) enthält. Der Vektor besitzt sowohl den latenten (OriP) als auch den lytischen (OriLyt) Replikationsursprung des EBV. Das Cosmid ist ein *Shuttle*-Vektor und besitzt ein Hygromycin-Resistenzgen für die Selektion in eukaryotischen Zellen, sowie ein Ampicillin-Resistenzgen für die Selektion in Prokaryoten.

Material und Methoden

2.1.4.22 pSK-MluI

PSK-MluI ist ein Derivat des Vektors pST76K-SR, bei dem eine zusätzliche MluI-Erkennungssequenz eingebracht wurde. Das Plasmid ist ein temperatursensitiver *Shuttle*-Vektor. Das Vektor-kodierte repTS-Protein inhibiert die Replikation des Plasmids bei einer Temperatur von 37°C. Zusätzlich enthält der Vektor ein Gen für das RecA-Protein und die Levansucrase, die für die homologe Rekombination mit einem anderen Vektor und dem anschließenden Verlust des pSK-Vektors durch Sucrose-Sensitivität benötigt werden. Der Vektor kodiert für eine Kanamycinresistenz.

Das pST76K-SR-Plasmid wurde von Philip G. Stevenson (Division of Virology, Department of Pathology, University of Cambridge, Cambridge, UK) zur Verfügung gestellt.

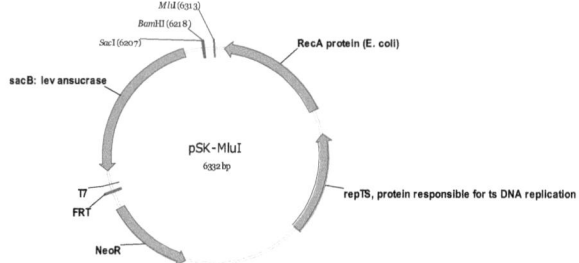

Abbildung 17: Karte des Vektors pSK-MluI. In der Karte sind alle verwendeten Restriktionsschnitstellen dargestellt.

2.1.4.23 EBV-BAC

Das EBV-BAC ist ein bakterielles artifizielles Chromosom (BAC), das das gesamte Genom des Epstein-Barr Virus B95-8 und einer zusätzlichen Sequenz des F-Plasmids aus *E. coli* enthält [163]. Die F-Sequenz enthält ein Chloramphenicol-Resistenzgen für die Selektion von *E. coli*-Zellen und ein Hygromycin-Resistenzgen für die Selektion von eukaryotischen Zellen. Zusätzlich enthält die F-Sequenz das Gen für das grün-fluoreszierende Protein (GFP).

Das EBV-BAC wurde von Philip G. Stevenson (Division of Virology, Department of Pathology, University of Cambridge, Cambridge, UK) zur Verfügung gestellt.

Ein ΔBMRF2-EBV-BAC, bei dem der offene Leserahmen von BMRF2 deletiert wurde, wurde freundlicherweise von Henri-Jacques Delecluse (Deutsches Krebsforschungszentrum, Heidelberg) zur Verfügung gestellt.

Material und Methoden

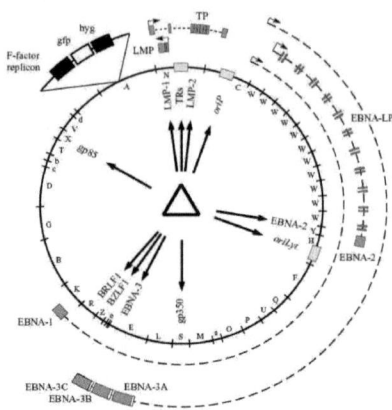

Abbildung 18: Karte des EBV-BAC. Abbildung nach Delecluse *et al.* (2000) [163].

2.1.4.24 pRA

Das Plasmid pRA ist ein Expressionsvektor für das Gen BALF4 des Epstein-Barr Virus. BALF4 kodiert für das Glykoprotein gp110. pRA ist ein pUC118-Drivat und besitzt ein Ampicillin-Resistenzgen.

Der Vektor pRA wurde von Henri-Jacques Delecluse (Deutsches Krebsforschungszentrum, Heidelberg) zur Verfügung gestellt.

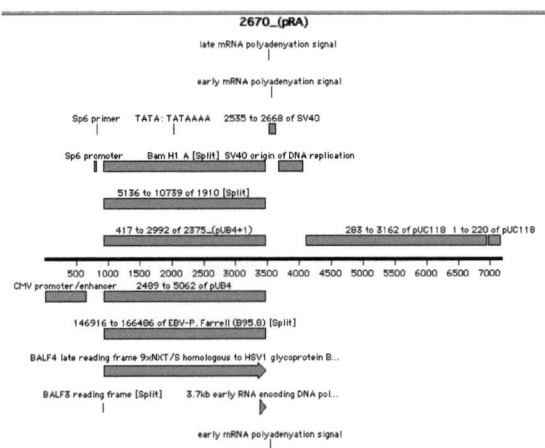

Abbildung 19: Vektorkarte von pRA. Die Karte wurde von H.-J. Delecluse (DKFZ, Heidelberg) zur Verfügung gestellt.

Material und Methoden

2.1.5 Oligonukleotide

Alle Oligonukleotide wurden von Sigma (Steinheim) bezogen. Enthaltene Restriktionserkennungssequenzen sind unterstrichen, andere zusätzliche Sequenzen kursiv dargestellt. Oligonukleotide für die zielgerichtete Mutagenese wurden nach Herstellerangaben entwickelt; das verwendete System besitzt eine konstante Annealing-Temperatur.

Name	Sequenz (5' → 3')	Produktgröße, Annealing-Temperatur (T_A)
Oligonukleotide für die Konstruktion der Reportgenvektoren der BDLF2-Promotorbereiche (5'-Primer mit *Ase*I-, 3'-Primer mit *Nhe*I-Sequenz)		
BDLF2-Promotor Volllänge-5'	ACTGTG<u>ATTAAT</u>AACATGGTCAACGAGTACAG	1237 bp
600bp-5'	ACTGTG<u>ATTAAT</u>ACCGGGAGCCTCAGTGTT	625 bp
400bp-5'	ACTGTG<u>ATTAAT</u>TACACATGCATCTTGGCTCT	426 bp
200bp-5'	ACTGTG<u>ATTAAT</u>ATCTCTTCCAGGAAATGGTG	231 bp
50bp-5'	ACTGTG<u>ATTAAT</u>ACTCTCAAGAGACCCTGACG	52 bp
BDLF2-Promotor 3' vor ATG	ACTGTG<u>GCTAGC</u>GGTACCCCCTTTATCTTAAC	T_A: 58°C
Oligonukleotide zu Mutagenese des 50 bp-Promotorfragments (Mutation enthält *Not*I-Erkennunssequenz)		
Prom-Mut-50-40 SE	CCGCCATGCATTAGTTATTAATC<u>GCGGCCGC</u>CGACCCTGACGGCCACTTGCTGG	
Prom-Mut-50-40 AS	CCAGCAAGTGGCCGTCAGGGTCG<u>GCGGCCGC</u>GATTAATAACTAATGCATGGCGG	
Prom-Mut-40-30 SE	CTCTCAAGAC<u>GCGGCCGC</u>CGCCACTTGCTGG	
Prom-Mut-40-30 AS	CCAGCAAGTGGCG<u>GCGGCCGC</u>GTCTTGAGAG	
Prom-Mut-30-20 SE	CAAGAGACCCTGACGC<u>GCGGCCGC</u>CGGTTAAGATAAAGG	
Prom-Mut-30-20 AS	CCTTTATCTTAACCG<u>GCGGCCGC</u>GCGTCAGGGTCTCTTG	
Oligonukleotide für die Herstellung von pmCherry-BDLF2-BMRF2		
BMRF2-ATG-5'-SacI	GTGACT<u>GAGCTC</u>CCATGTTCTCGTGCAAGCAG	1106 bp
BMRF2-358-3'-SalI	GTGACT<u>GTCGAC</u>CGGTCGTTAGGATTTAATG	T_A: 54°C
BMRF2+CMV-5'-Mlu	GTGACT<u>ACGCGT</u>GTGGATAACCGTATTACCGC	2752 bp
BMRF2+CMV-3' (MluI)	GCTTACAATTT<u>ACGCGT</u>TAAG	T_A: 58°C
Oligonukleotide für die Konstruktion N-terminalen Deletionsmutanten des BDLF2 (5'-Primer mit *Bam*HI-, 3'-Primer mit *Mlu*I-Sequenz)		

Material und Methoden

BDLF2-75-5'	ACTGTG<u>GGATCC</u>GAGCCACACCCACCTATG	1079 bp
BDLF2-83-5'	ACTGTG<u>GGATCC</u>CATGCCAATGGGGGAGGA	1055 bp
BDLF2-93-5'	ACTGTG<u>GGATCC</u>AATACCCAGGATCAGAATCA	1025 bp
BDLF2-102-5'	ACTGTG<u>GGATCC</u>ACCACCCGGACCCGGAC	998 bp
BDLF2-111-5'	ACTGTG<u>GGATCC</u>GCTGAAGAACGGACTGCG	971 bp
BDLF2-130-420-5'	ACTGTG<u>GGATCC</u>GGGGCACCAATTTCCGCG	914 bp
BDLF2-161-420-5'	ACTGTG<u>GGATCC</u>GGTGAGAGAATGAGATTCAAG	821 bp
BDLF2-420-3'	ACTGTG<u>ACGCGT</u>CCACACCCAATACTCTACTG	T_A: 58°C

Oligonukleotide für die Konstruktion von pmCherry-BDLF2+BDLF2-1-131

BDLF2-1-131-5'-NheI	ACTGTG<u>GCTAGC</u>TTATGGTCGATGAACAAGTGGCG	419 bp
BDLF2-1-131-3'-XhoI	ACTGTG<u>CTCGAG</u>TTACCCTCTCTGCCCTCCTGA	T_A: 64°C
CMV-BFP-5' (PciI)	ACTGTG<u>ACATGT</u>GTATTACCGCCATGCATTAG	1045 bp
BDLF2-1-131-3'-PciI	ACTGTG<u>ACATGT</u>GAAGCTTCTCGAGTTACCC	T_A: 58°C

Olignukleotide für die Deletionen von je 5 Aminosäuren innerhalb des BDLF2-Proteins

BDLF2-d102-106 SE	GATCAGAATCAAAATCAGACCAATGCCAAAGCTGAAG
BDLF2-d102-106 AS	CTTCAGCTTTGGCATTGGTCTGATTTTGATTCTGATC
BDLF2-d106-110 SE	CCACCCGGACCGCTGAAGAACG
BDLF2-d106-110 AS	CGTTCTTCAGCGGTCCGGGTGG
BDLF2-d110-114 SE	CGGACCAATGCCACTGCGGAGATG
BDLF2-d110-114 AS	CATCTCCGCAGTGGCATTGGTCCG
BDLF2-d114-118 SE	GCCAAAGCTGAAGAAGATGACACCATGGC
BDLF2-d114-118 AS	GCCATGGTGTCATCTTCTTCAGCTTTGGC
BDLF2-d118-122 SE	GACTGCGGAGGCCTCGTCAGG
BDLF2-d118-122 AS	CCTGACGAGGCCTCCGCAGTC
BDLF2-d122-126 SE	GATGGATGACACCGGGCAGAGAGGG
BDLF2-d122-126 AS	CCCTCTCTGCCCGGTGTCATCCATC

Oligonukleotide für die Konstruktion der pIN-G-Derivate

HLA-TMD-5'-SalI	ACTGTG<u>GTCGAC</u>AGCTGTCGGGAAGATCAG	136 bp
HLA-TMD-3'-KpnI	ACTGTG<u>GGTACC</u>TGCACTTGCTCTCCGG	T_A: 52°C
ORF BDLF2 3'-Sac (ab AS 1)	GTGACT<u>GAGCTC</u>TTATGGTCGATGAACAAGTGGCG	645 bp

Material und Methoden

BDLF2-kurz5-5'Sal (bis AS 420)	GTGACT<u>GTCGAC</u>CTACTCTCCATCATAGACATCTTC	T_A: 60°C
BDLF2-208-420-5'-Xma	ACTGTG<u>CCCGGG</u>GGTTTTAACCCACTCTTTTTGC	671 bp
BDLF2-208-420-3'-Mlu	ACTGTG<u>ACGCGT</u>CTCTACTGAACCATCACATAC	T_A: 60°C
BDLF2-ohne Stop SE	CTATGATGGAGAGTGGGTCGACAGCTGTCG	
BDLF2-ohne Stop AS	CGACAGCTGTCGACCCACTCTCCATCATAG	
BMRF2-ATG-5'-SacI	GTGACT<u>GAGCTC</u>CCATGTTCTCGTGCAAGCAG	654 bp
BMRF2-175-3'-SalI	GTGACT<u>GTCGAC</u>GCTTCCAGAGCCCAAAGCCA	T_A: 60°C
BMRF2-176-5'-SacI	GTGACT<u>GAGCTC</u>CCCTGGCCGGTGCTCG	597 bp
BMRF2-358-3'-SalI	GTGACT<u>GTCGAC</u>CGGTCGTTAGGATTTAATG	T_A: 54°C
BMRF2-176-5'-SacI	s. o.	273 bp
BMRF2-228-3'-SalI	GTGACT<u>GTCGAC</u>GACAAGAACGGTCAAGGC	T_A: 56°C

Olignukleotide zur Herstellung des *Yeast Two Hybrid*-Konstrukts pGBKT7-BDLF2-3

YTH-BDLF2-110-130-5'-Eco	ACTGTG<u>GAATTC</u>AAAGCTGAAGAACGGACTGC	84 bzw. 85bp
YTH-BDLF2-110-130-3'-Eco	ACTGTG<u>GAATTC</u>TCTCTGCCCTCCTGACGAG	T_A: 60°C
YTH-BDLF2-110-130-5'-Pst	ACTGTG<u>CTGCAG</u>AAAGCTGAAGAACGGACTGC	1. Runde: 5'-Eco --- 3'-Pst
YTH-BDLF2-110-130-3'-Pst	ACTGTG<u>CTGCAG</u>TCTCTGCCCTCCTGACGAG	2. Runde: 5'-Eco --- 3'-Eco
YTH-BDLF2-110-130-3'-Pst+1	ACTGTG<u>CTGCAG</u>CTCTCTGCCCTCCTGACGAG	3. Runde: 5'-Pst --- 3'-Pst+1

Oligonukleotide für die Erzeugung von mCherry-Fusionen

NotI in pmCherry SE	CTACCGGTCGCC<u>GCGGCCGC</u>ACCATGGTGAG	
NotI in pmCherry AS	CTCACCATGGT<u>GCGGCCGC</u>GGCGACCGGTAG	
Fam35A-5'-Sac	ACTGTG<u>GAGCTC</u>GGATGAGTGGAGGATCTCAAGTC	2534 bp
Fam35A-3'-Sal	ACTGTG<u>GTCGAC</u>TCAGAGACGGGCATTGGCTC	T_A: 62°C
Ezrin-5'-NheI	ACTGTG<u>GCTAGC</u>CACCAGAAACCGAAAATGCC	1800 bp
Ezrin-3'-NotI	ACTGTG<u>GCGGCCGC</u>CCAGGGCCTCGAACTCGTC	T_A: 60°C
Radixin-5'-NheI	ACTGTG<u>GCTAGC</u>GAAAGAAAATGCCGAAACCAATC	1784 bp
Radixin-3'-NotI	ACTGTG<u>GCGGCCGC</u>CCATTGCTTCAAACTCATCGATAC	T_A: 64°C
Moesin-5'-NheI	ACTGTG<u>GCTAGC</u>CATGCCCAAAACGATCAGTG	1759 bp
Moesin-3'-NotI	ACTGTG<u>GCGGCCGC</u>CCATAGACTCAAATTCGTCAATG	T_A: 60°C

Material und Methoden

| Merlin-5'-NheI | ACTGTGGCTAGCCATGGCCGGGGCCATC | 1813 bp |
| Merlin-3'-NotI | ACTGTGGCGGCCGCCGAGCTCTTCAAAGAAGGC | T_A: 56°C |

Oligonukleotide für BAC-Mutagenese

Not+Eco vor BDLF2 SE	CATAAAGGGGTACGCGGCCGCACTGTGACTGTGGAATTCCATGGTCGATGAAC	
Not+Eco vor BDLF2 AS	GTTCATCGACCATGGAATTCCACAGTCACAGTGCGGCCGCGTACCCCCTTTATG	
Cherry 5'-NotI	ACTGTGGCGGCCGCCATGGTGAGCAAGGGCGAG	808 bp
Cherry 3'	TCAGTTATCTAGATCCGGTG	T_A: 58°C
Cla-Hpa vor BMRF2-SE	CCCTCATTTAACACCATCGATGTACGTACGTACGTTAACATGTTCTCGTGCAAGCAGC	
Cla-Hpa vor BMRF2-AS	GCTGCTTGCACGAGAACATGTTAACGTACGTACGTACATCGATGGTGTTAAATGAGGG	
BFP-5' (ClaI)	GATAAGGATCGATGGGGATC	771 bp
BFP-3'-HpaI (+3xGly)	ACTGTGGTTAAC*TCCTCCTCC*CTTGTACAGCTCGTCCATG	T_A: 58°C

Olignukleotide zum Expressionsnachweis viraler Gene

BRLF1-5'a	CTGCTATCCAAGGCTGTTC	542 bp
BRLF1-3'a	GTTCCAGACTATGGTCTCG	T_A: 58°C
BRLF1-5'i	CTGCTCGGTGTCACTGTTG	205 bp
BRLF1-3'i	CATGGACGAGGAGCTCATG	T_A: 60°C
BZLF1-5'a	GGCACATCTGCTTCAACAGG	812 bp
BZLF1-3'a	CTGACCCATACCAGGTGCC	T_A: 58°C
BZLF1-5'i	CGGTAGTGCTGCAGCAGTTG	551 bp
BZLF1-3'i	GCCAGCTAACTGCCTATCATG	T_A: 58°C
BMRF1-5'a	CGAGTGGCAGAATCACCAG	367 bp
BMRF1-3'a	GAGTGTCACCTTAACGCCG	T_A: 60°C
BMRF1-5'i	GATGATAAGGTGTCCAAGAG	137 bp
BMRF1-3'i	CACTTCTGCAACGAGGAAG	T_A: 58°C
BHRF1-5'a	GAGATACTGTTAGCCCTGTG	467 bp
BHRF1-3'a	CAGGACAGGCCTTCGCTGTG	T_A: 58°C
BHRF1-5'i	GAGGACACTGTAGTTCTGC	247 bp
BHRF1-3'i	CATAGTAAGGAGTAGACTGG	T_A: 58°C

Material und Methoden

Primer	Sequenz	Größe / T_A
LMP1-5'a	CGTTATGAGTGACTGGACTG	384 bp
LMP1-3'a	CAACCAATAGAGTCCACCAG	T_A: 60°C
LMP1-5'i	CTACTCCTACTGATGATCAC	218 bp
LMP1-3'i	GCAATAATGAGCAGGATGAG	T_A: 60°C
LMP2-5'a	GTCATCCCGTGGAGAGTAG	253 bp
LMP2-3'a	GGACGATGGCGGAAACAAC	T_A: 60°C
LMP2-5'i	CGTCATTCCCGTCGTGTTG	153 bp
LMP2-3'i	CACCGAACGATGAGGAACG	T_A: 60°C
EBNA1-5'a	GTGCGTTACCGGATGGCG	286 bp
EBNA1-3'a	GCCTTCTGGTCCAGATGTG	T_A: 60°C
EBNA1-5'i	CATTTCCAGGTCCTGTACCT	143 bp
EBNA1-3'i	AGAGAGTAGTCTCAGGGCAT	T_A: 60°C
EBNA2-5'a	CATAGCAGATGCTAGAGGTC	610 bp
EBNA2-3'a	CATTAGAGACCACTTTGAGC	T_A: 58°C
EBNA2-5'i	CTACATTCTATCTTGCGTTAC	351 bp
EBNA2-3'i	CTAGCGGATCCCTATCAAG	T_A: 58°C
EBNA3A-5'a	CTCTGAACATACAACCACTG	676/588 bp
EBNA3A-3'a	CATAGAGTTATCAGATAGC	T_A: 58°C
EBNA3A-5'i	CTGCTGTATGCCTGGTAAC	358/291 bp
EBNA3A-3'i	GCGAGAAGCCATTCTCCG	T_A: 58°C
EBNA3B-5'a	CCAGGATCTGCAAGATGAC	601/523 bp
EBNA3B-3'a	GAAAGCGTGGCTCAGCAG	T_A: 58°C
EBNA3B-5'i	CATCTGTGACGCACGGTC	302/224 bp
EBNA3B-3'i	CATGAGCAGGAGCACAATG	T_A: 58°C
EBNA3C-5'a	GTCACCCGACAATGAGCG	659/585 bp
EBNA3C-3'a	GTTAACATGATGCTGTCAGC	T_A: 58°C
EBNA3C-5'i	GACACGGAAGACAATGTGC	334/260 bp
EBNA3C-3'i	GATGTTAGAAGCCAATGTCG	T_A: 58°C
MP1-5'i (BDLF2)	GGATGAAGAGCGAGGTATG	349 bp
MP1-3'i (BDLF2)	CCATGGCTGTCCGTGTTG	T_A: 58°C
GAPDH A	CGGAGTCAACGGATTTGGTCGTAT	307 bp
GAPDH B	AGCCTTCTCCATGGTGGTGAAGAC	T_A: 72°C

Material und Methoden

Hybridisierungssonden für RealTime-PCR

BRLF1-F	CATGAAACTGTCCGGACTCCG-Fluorescein	T_A: 66°C
BRLF1-R	LC Red640-GCGGGCCTCGGTGTGAGAG	
GAPDH-F	GAAATCCCATCACCATCTTCCAGGAG-Fluorescein	T_A: 68°C
GAPDH-R	LC Red640-TGAGCCGAGCGTGCAGGTCG	

Sequenzierungsprimer

Cherry-Seq-C-term	CAGTACGAACGCGCCGAG	
BFP-Seq-C-term	CCAACGAGAAGCGCGATC	
T7-Primer	TAATACGACTCACTATAGGG	

2.1.6 Antikörper

Polyklonal Kaninchen-Anti-GFP	US Biological
Monoklonal Maus-Anti-GFP	Invitrogen, Eugene
Monoklonal Kaninchen-Anti-GFP	Invitrogen, Eugene
Polyklonal Kaninchen-*Living Colors*®*DsRed*	Clontech
Monoklonal Maus-*Living Colors*®*DsRed*	Clontech
Monoklonal Maus-Anti-p-Ser (14B4)	Santa Cruz Biotechnology
Monoklonal Maus-Anti-p-Thr (H-2)	Santa Cruz Biotechnology
Monoklonal Maus-Anti-Phosphotyrosin, 4G10(R)	Millipore, Temecula
Monoklonal Kaninchen-Anti-RhoA (67B9)	Cell Signalling Technology
Polyklonal Kaninchen-Anti-Phospho-MLC2 (Ser19)	Cell Signalling Technology
Monoklonal Maus-Anti-mDia1	BD Transduction Laboratories
Monoklonal Kaninchen-Anti-Phospho-ERM	Cell Signalling Technology
Polyklonal Kaninchen-Anti-Ezrin/Radixin/Moesin	Cell Signalling Technology
Polyklonal Kaninchen-Anti-Merlin (NF2) phosphoS518	Millipore, Temecula
Polyklonal Kaninchen-Anti-NF2 (C-18)	Santa Cruz Biotechnology
Monoklonal Kaninchen-Anti-Phospho-Cofilin (Ser3)	Cell Signalling Technology
Polyklonal Kaninchen-Anti-Cofilin (D59)	Cell Signalling Technology
Polyklonal Kaninchen-Anti-Phospho-VASP (Ser157)	Cell Signalling Technology
Polyklonal Kaninchen-Anti-Phospho-VASP (Ser239)	Cell Signalling Technology
Polyklonal Kaninchen-Anti- VASP (A290)	Cell Signalling Technology

Material und Methoden

Monoklonal Kaninchen-Anti-Phospho-FAK (Tyr397)	Invitrogen/Biosource
Polyklonal Kaninchen-Anti-FAK	Cell Signalling Technology
Polyklonal Kaninchen-Anti-PIPK I (H-300)	Santa Cruz Biotechnology
Polyklonal Kaninchen-Anti-Phospho-PKCα (Ser657)	Millipore, Temecula
Monoklonal Maus-Anti-PKCα (Klon M5)	Millipore, Temecula
Polyklonal Kaninchen-Anti-Rac1/2/3 (L129)	Cell Signalling Technology
Monoklonal Kaninchen-Anti-Cdc42 (11A11)	Cell Signalling Technology
Monoklonal Maus-Anti-Caspase 8 (12F5)	Enzo Life Sciences, Lörrach
Polyklonal Kaninchen-Anti-Phospho-NF-κB p65 (S276)	Cell Signalling Technology
Monoklonal Kaninchen-Anti-GAPDH (14C10)	Cell Signalling Technology

Polyklonal Ziege-Anti-Kaninchenimmunglobuline; HRP-Konjugat	Cell Signalling Technology
Polyklonal Kaninchen-Anti-Mausimmunglobuline; HRP-Konjugat	Dako, Glostrup
Polyklonal Ziege-Anti-Kaninchenimmunglobuline; HRP-Konjugat	Dako, Glostrup
Polyklonal Schwein-Anti-Kaninchenimmunglobuline; HRP-Konjugat	Dako, Glostrup
Polyklonal Kaninchen-Anti-Ziegenimmunglobuline; FITC-Konjugat	Dako, Glostrup
Polyklonal Schwein-Anti-Kaninchenimmunglobuline; FITC-Konjugat	Dako, Glostrup
Kaninchen Anti-Mausimmunglobuline; Rhodamin-Konjugat	Santa Cruz Biotechnology
Ziege-Anti-Kaninchenimmunglobuline; Texas Red-Konjugat	Santa Cruz Biotechnology

2.1.7 Chemikalien

Acrylamid/bis-Acrylamid (37,5:1; 30 %)	Sigma, Steinheim
Agar	Merck, Darmstadt
Agarose	Invitrogen
Aminosäuren	Fluka, Schweiz
Ammoniumpersulfat (APS)	Sigma, Steinheim
Ampicillin	Roche, Mannheim
Aprotinin	Sigma, Steinheim
Aureobasidin A	Clontech, Mountain View
ß-Mercapthoethanol	Fluka, Schweiz
Borsäure	Merck, Darmstadt
Bradford-Reagenz	Sigma, Steinheim

Material und Methoden

Bromphenolblau	Merck, Darmstadt
Bovines Serumalbumin (BSA)	PAA, Österreich
Chloramphenicol	Calbiochem
Coomassie Brillantblue R250	Sigma, Steinheim
Deoxynucleosid Triphosphate Set	Roche, Mannheim
Dimethylsulfoxid (DMSO)	Sigma, Steinheim
DNA-Molecular Weight Marker X (0,07-12,2 kbp)	Roche, Mannheim
DNA-Molecular Weight Marker XIV (100 bp)	Roche, Mannheim
Dulbecco's Modified Eagle's Medium (4,5g/l Glukose)	Sigma, Steinheim
Essigsäure	Merck, Darmstadt
Ethanol, zur Analyse	Merck, Darmstadt
Ethidiumbromid (10 mg/ml)	Sigma, Steinheim
Fetales Kälberserum (FKS)	Biochrom KG, Berlin
Ficoll	Sigma, Steinheim
Glukose	Sigma, Steinheim
L-Glutamin (Stammlösung 200 mM)	Sigma, Steinheim
Glycerin	Sigma, Steinheim
Glycin	Sigma, Steinheim
Hefeextrakt	Becton Dickinson, Heidelberg
Hygromycin (50 mg/ml)	PAA, Österreich
Kaliumchlorid (KCl)	Merck, Darmstadt
di-Kaliumhydrogenphosphat (K_2HPO_4)	Merck, Darmstadt
Kanamycin	Sigma, Steinheim
Leupeptin	Sigma, Steinheim
Magnesiumchlorid ($MgCl_2$)	Sigma, Steinheim
Magnesiumsulfat ($MgSO_4$)	Merck, Darmstadt
Methanol	Merck, Darmstadt
Milchpulver	Roth, Karlsruhe
Natriumchlorid (NaCl)	Merck, Darmstadt
Natrium-Dodecyl-Sulfate (SDS)	Sigma, Steinheim
Natriumfluorid (NaF)	Sigma, Steinheim
di-Natriumhydrogenphosphat (Na_2HPO_4)	Merck, Darmstadt
$Na_2HPO_4 \times 12\ H_2O$	Merck, Darmstadt

Material und Methoden

$NaH_2PO_4 \cdot xH_2O$	Merck, Darmstadt
Natriumhydroxid (NaOH)	Merck, Darmstadt
Natriumvanadat (Na_3VO_4)	Sigma, Steinheim
Nicht-essentielle Aminosäuren	Biochrom AG, Berlin
NP-40 (Igepal CA-630)	Sigma, Steinheim
NZ Amine	Sigma, Steinheim
Penicillin (200 mM)-Streptomycin (1 mg/ml)-Lösung	Sigma, Steinheim
Pepstatin	Sigma, Steinheim
Pepton	Life Technologies, Schottland
Phenol:Chloroform:Isoamylalkohol (25:24:1)	AppliChem, Darmstadt
Phenylmethansulfonylfluorid (PMSF)	Fluka, Schweiz
Ponceau S	SERVA, Heidelberg
Protease Inhibitor Cocktail	Roche, Mannheim
Protein-A-Agarose	Millipore, Schwalbach
RPMI 1640-Medium	Sigma, Taufkirchen
SAG-Medium	Lonza, Walkersville
Salzsäure (HCl)	Merck, Darmstadt
Tetramethylethylendiamin (TEMED)	SERVA, Heidelberg
Titriplex® III (EDTA)	Merck, Darmstadt
Trinatriumcitrat	Merck, Darmstadt
Tris (Trizma®)	Sigma, Steinheim
Triton X	Sigma, Steinheim
Trypsin-EDTA (10x)	PAA, Österreich
Tryptosephosphat	Oxoid, England
Tween 20	Sigma, Steinheim
X-α-Gal	Clontech, Mountain View
Xylencyanol	Merck, Darmstadt

2.1.8 Medien

Zellkulturmedium für adherente Zellen:

DMEM-Medium ("Dulbecco's Modified Eagle's Medium")

Fetales Kälberserum	5 % (v/v)
Glutamin-Lösung	2 % (v/v)
Penicillin-Streptomycin-Lösung	1 % (v/v)

Zellkulturmedium für B-Lymphozyten und primäre Monozyten:

RPMI-1640-Medium (entwickelt im "Roswell Park Memorial Institute")

Fetales Kälberserum	10 % (v/v)
Glutamin-Lösung	2 % (v/v)
Penicillin-Streptomycin-Lösung	2 % (v/v)
Nicht-essentielle Aminosäuren	0,2 % (v/v)

Für Kultivierung von primären B-Lymphozyten wurde 10 % Tryptosephosphat-Lösung (v/v) zugegeben.

Zellkulturmedium für primäre Epithelzellen:

SAG-Medium enthält alle notwendigen Supplemente

Luria Bertani-Medium (LB-Medium):

NaCl	1,0 % (w/v)
Pepton	1,0 % (w/v)
Hefeextrakt	0,5 % (w/v)

Für die Herstellung von LB-Platten wurde 2 % (w/v) Agar-Agar zugegeben. Nach dem Autoklavieren wurden sterilfiltrierte Antibiotika zugegeben mit einer Endkonzentration von:

100 µg / ml Ampicillin
25 µg / ml Kanamycin
15 µg / ml Chloramphenicol

NZY$^+$-Medium:

NZ Amine (Casein Hydrolase)	1 % (w/v)
Hefeextrakt	0,5 % (w/v)
NaCl	0,5 % (w/v)

Der pH-Wert wurde mit NaOH auf 7,5 eingestellt. Nach dem Autoklavieren wurden folgende sterilfiltrierte Supplemente zu einem Liter Medium gegeben:

1 M MgCl$_2$	12,5 ml
1 M MgSO$_4$	12,5 ml
2 M Glukose	10 ml

SOC-Medium:

Trypton	2 % (w/v)
Hefeextrakt	0.5 % (w/v)
NaCl	10 mM
KCl	2.5 mM
MgCl$_2$	10 mM
MgSO$_4$	10 mM
Glukose	20 mM

YPDA-Medium:

Pepton	2 % (w/v)
Hefeextrakt	1 % (w/v)

Für die Herstellung von YDPA-Platten wurde 2 % (w/v) Agar-Agar zugegeben. Der pH-Wert des Mediums wurde auf pH 6,5 eingestellt. Nach dem Autoklavieren wurden folgende sterilfiltrierte Supplemente zugegeben mit einer Endkonzentration von:

Glukose	2 % (w/v)
Adeninhemisulfat	0,003 % (w/v)

SD-Medium:

Yeast Nitrogen Base (ohne Aminosäuren)	0,67 % (w/v)
10x *Dropout*-Lösung	10 % (v/v)
ggf. Aminosäure-Lösung	10 % (v/v)

Für die Herstellung von SD-Platten wurde 2 % (w/v) Agar-Agar zugegeben. Der pH-Wert des Mediums wurde auf pH 5,8 eingestellt. Nach dem Autoklavieren wurden folgende sterilfiltrierte Supplemente zugegeben mit einer Endkonzentration von:

Glukose	2 % (w/v)
Aureobasidin A (in Ethanol)	125 ng/ml
X-α-Gal (in DMF)	40 ng/ml

10x-*Dropout*-Lösung:

Arginin-HCl	0,02 % (w/v)
Isoleucin	0,03 % (w/v)
Lysin (HCl)	0,03 % (w/v)
Methionin	0,02 % (w/v)
Phenylalanin	0,05 % (w/v)
Threonin	0,2 % (w/v)
Tyrosin	0,03 % (w/v)
Uracil	0,02 % (w/v)
Valin	0,15 % (w/v)

Aminosäurelösungen:

10x Ade:	0,2 % (w/v) Adeninhemisulfat-Lösung
10x His:	0,2 % (w/v) Histidin-HCl-Monhydrat-Lösung
10x Leu:	1 % (w/v) Leucin-Lösung
10x Trp:	0,2 % (w/v) Tryptophanlösung

2.1.9 Lösungen

PBS (pH 7,2):

NaCl	140 mM
KCl	3 mM
Na_2HPO_4	10 mM
K_2HPO_4	2 mM

Material und Methoden

TE (pH 8,0):

	Tris	10 mM
	EDTA	1 mM

Agarosegele:

1,5 % TBE-Gel:	Agarose	7,5 g
	Ethidiumbromid	5 µl
	0,5x TBE-Puffer	ad. 500 ml

0,8 % TAE-Gel:	Agarose	4 g
	Ethidiumbromid	5 µl
	1x TAE-Puffer	ad. 500 ml

0,5x TBE-Puffer:

	Tris	45 mM
	Borsäure	45 mM
	EDTA	1 mM

1x TAE-Puffer:

	Tris	40 mM
	Essigsäure	40 mM
	EDTA	1 mM

10x DNA-Ladepuffer:

	Ficoll Polymer	10 % (w/v)
	Bromphenolblau	0,25 % (w/v)
	Xylencyanol	0,25 % (w/v)
	EDTA	0,25 M

Fragmentierungslösung:

	HCl	0,25 M

Material und Methoden

Denaturierungslösung:

NaOH	0,5 M
NaCl	1,5 M

Neutralisierungslösung:

Tris-HCl, pH 7,0	1 M
NaCl	1,5 M

20xSSC:

NaCl	3 M
Trinatriumcitrat	0,3 M

Mit HCl pH 7,0 einstellen

Modifizierter Ripa-Puffer:

Tris/HCl, pH 7,4	50 mM
NaCl	150 mM
EDTA	1 mM
NaF_3	1 mM
Na_3VO_4	1 mM
PMSF	1 mM
Natriumdeoxycholat	0,25 % (w/v)
NP-40	1 % (v/v)
Protease Inhibitor Mix	1x

4x Sammelgelpuffer:

Tris/HCl, pH 6,8	0,5 M
SDS	0,4 % (w/v)

2x Probenpuffer:

4x Sammelgelpuffer	27,8 % (v/v)
SDS	6,0 % (w/v)
Glycerin	22,2 % (v/v)
Bromphenolblau	0,03 % (w/v)

Material und Methoden

10x Elektrophoresepuffer:

Tris/HCl	0,25 M
Glycin	1,9 M
SDS	1 % (w/v)

Blotpuffer:

Tris, pH 8,3	25 mM
Glycin	192 mM
Methanol	20 % (v/v)

Coomassie-Färbelösung:

Coomassie Brillantblue R250	0,1 % (w/v)
Methanol	50 % (v/v)
Essigsäure	7,5 % (v/v)

Entfärbelösung:

Methanol	50 % (v/v)
Essigsäure	10 % (v/v)

TBST:

Tris	50 mM
NaCl	150 mM
Tween 20	0,1 % (v/v)

Material und Methoden

2.2 Methoden

Die Zusammensetzung der im Folgenden verwendeten Lösungen ist, wenn nicht anders angegeben, im Materialteil beschrieben.

2.2.1 Kultivierungsmethoden

2.2.1.1 Kultivierung von Mammalia-Zellen

BJAB- und B95-8-Zellen sind Suspensionszellen, daher wurden die Zellsuspensionen zur Subkultivierung durch mehrmaliges Pipettieren gut resuspendiert und anschließend 1:10 in frischem Medium verdünnt. Die Subkultivierung erfolgte alle 7 Tage. Die Zellen wurden in 10 ml Medium in Zellkulturflaschen mit einer Grundfläche von 25 cm^2 (bzw. 50 ml in Zellkulturflaschen mit 75 cm^2 Grundfläche) angezogen, wobei die Kulturflaschen stehend inkubiert wurden. Die Kultivierung erfolgte bei 37°C, 5 % CO_2 und 90 % Luftfeuchtigkeit im Brutschrank.

HEK293- und Cos-7-Zellen sind adhärent wachsende Zellen. Zur Subkultivierung wurde zunächst das Medium abgenommen und die Zellen mit PBS gewaschen. Anschließend wurden die Zellen kurz mit 1 % Trypsin (w/v) inkubiert, mit 10 ml frischem Medium vom Boden der Zellkulturflasche abgespült, durch mehrmaliges Pipettieren resuspendiert und 1:12 in frischem Medium verdünnt. Die Subkultivierung erfolgte alle 3 Tage. Die Kulturflaschen wurden liegend inkubiert. Die Kultivierung erfolgte bei 37°C, 5 % CO_2 und 90 % Luftfeuchtigkeit im Brutschrank.

Zur Subkultivierung primärer Epithelzellen wurde das Medium abgenommen und die Zellen mit PBS gewaschen. Nach Zugabe von 1 % Trypsin (w/v) wurden die Zellen 10 min bei 37°C inkubiert. Danach wurden die Zellen in Medium DMEM-Medium + 10 % FKS (v/v) aufgenommen und in ein Zentrifugationsgefäß überführt. Es folgte eine Zentrifugation für 10 min bei 300g. Das Zellpellet wurde in frischem Medium aufgenommen und 1:2 – 1:4 verdünnt und in Zellkulturflaschen überführt. Die Kultivierung erfolgte liegend bei 37°C, 5 % CO_2 und 90 % Luftfeuchtigkeit im Brutschrank.

2.2.1.2 Isolation primärer B-Lymphozyten und Monozyten

Zur Isolation primärer Zellen wurde das *pluriBeads*-System von pluriSelect (Leipzig) verwendet. Die Isolation erfolgt dabei durch Antikörper-beschichtete Fängerpartikel, die die

Zielzellen aus Vollblut isolieren. Die Isolation primärer B-Zellen erfolgte mit anti-CD19-*Beads*, die Isolation primärer Monozyten mit anti-CD14-*Beads*, beides nach Herstellerangaben.

2.2.1.3 Anlage von Kryokulturen

Adhärente Zellen wurden zunächst mit PBS gewaschen, vom Boden der Kulturflasche abgespült und in 10 ml PBS aufgenommen. Die Zellsuspension wurde halbiert, für 5 min bei 1700 rpm zentrifugiert (*Heraeus Christ Labofuge® GL, Rotor 2150*). Die Zellpellets wurden in je 1 ml Lösung A resuspendiert und in ein Kryoröhrchen überführt. Anschließend wurde je 1 ml Lösung B hinzu gegeben. Die Zellen wurden über Nacht bei -70°C in einem Styroporbehälter eingefroren. Die weitere Lagerung erfolgte in flüssigem Stickstoff.

Einfrierlösungen für 10 Gefäße:

Lösung A:	Medium ohne Supplemente	7,5 ml
	FKS	2,5 ml
Lösung B:	Medium ohne Supplemente	5,5 ml
	FKS	1,5 ml
	DMSO	2 ml

2.2.1.4 Quantifizierung von Mammalia-Zellen

Die Quantifizierung der Zellen erfolgte durch den CASY 1 (Schärfe System, Reutlingen). Bei diesem Messverfahren werden die Zellen einzeln durch eine Messkapillare geleitet und verdrängen dabei eine Elektrolytlösung, was zu einer Widerstandsänderung führt. Die Widerstandsänderung ist ein Maß für das Volumen bzw. die Größe der Zellen, wobei tote Zellen einen anderen Widerstand aufweisen und dadurch von lebenden Zellen unterschieden werden können.

Für die Messung wurden die Zellen zunächst in frischem Medium resuspendiert und 1:200 in 10 ml isotonischer Salzlösung *CASYton* (Schärfe System, Reutlingen) verdünnt.

2.2.1.5 Transfektion von Mammalia-Zellen

In Vorbereitung auf die Transfektion adhärenter Zellen wurden diese 24 h zuvor ausgesät. Dafür wurde eine Zellsuspension mit $1*10^5$ Zellen/ml in Zellkulturmedium hergestellt. In eine

Material und Methoden

Vertiefung einer 24-Lochplatte wurde 1 ml Zellsuspension, in die einer 6-Lochplatte (*Multiwell^{TM} 24/6 well*, Becton Dickinson) wurden 2 ml Zellsuspension gegeben. Anschließend wurden die Zellen über Nacht bei 37°C, 5 % CO_2 und 90 % Luftfeuchtigkeit inkubiert, so dass sie anwachsen konnten.
Für die transiente Transfektion wurden verschiedene Transfektionsreagenzien verwendet. Dazu zählten *FuGENE® HD Transfection Reagent* (Roche), *Neofectin^{TM}* (Mid-Atlantic Biolabs) und *293-Free^{TM} Transfection Reagent* (EMD Chemicals USA). Die jeweils eingesetzte Menge Gesamt-DNA, sowie das Verhältnis von Reagenz : DNA entsprach den Herstellerangaben. Die Menge je verwendeten Plasmids entsprach im Regelfall 1/10 der Gesamt-DNA-Menge und wurde mit Lachssperma-DNA (*Salmon testes DNA*, Sigma) aufgefüllt. Die Transfektionseffizienz aller Reagenzien war gleich. Nach Zugabe des Transfektionsgemisches wurden die Zellen im Brutschrank inkubiert. Nach der angegebenen Zeit wurden die Zellen für proteinbiochemische Nachweise oder einen Immunfluoreszenztest verwendet. Zellen, die direkt zur fluoreszenzmikroskopischen Kontrolle verwendet wurden, wurden mit *ProLong Gold antifade reagent* (Invitrogen, Eugene) eingedeckt.

Die transiente Transfektion von BJAB-Zellen erfolgte mit dem *Nukleofector Kit T* (Lonza) nach Herstellerangaben. Die Gesamtmenge eingesetzter DNA entsprach im Allgemeinen 3µg DNA, dabei wurde je 1µg Plasmid-DNA verwendet und diese mit Lachssperma-DNA aufgefüllt.

2.2.1.6 Fluoreszenzmikroskopie
Für die fluoreszenzmikroskopische Analyse wurde, wenn nicht anders angegeben, das motorisierte inverse Mikroskop *Axiovert 200M* (Carl Zeiss AG, Göttingen) mit den Objektiven LD Plan-Neofluar 20x/0.4 Korr, LD Plan-Neofluar 40x/0.6 Korr Ph 2 und LCI Plan-Neofluar 63x/1.30 Imm Korr DIC (Wasserimmersion) verwendet. Die Aufnahme und Bearbeitung der Bilder erfolgte mit Hilfe der Programme AxioVision (Carl Zeiss AG) und gimp.
Das *Opera*TM 125-System (Perkin Elmer, Hamburg) ist ein konfokales Fluoreszenzmikroskop, das die vollautomatisierte Bildaufnahme ermöglicht. Aus diesem Grund wurde für einige Experimente dieses Mikroskop verwendet. Die Bildaufnahme und Bearbeitung erfolgte in Zusammenarbeit mit Stefano Di Fiore (Institut für Molekulare Biotechnologie, RWTH Aachen) und wurde bereits ausführlich beschrieben [67].

Material und Methoden

2.2.1.7 Herstellung stabiler Zelllinien zur Produktion von rekombinantem EBV

Zur Produktion von rekombinanten EBV musste zunächst eine stabile Produzenten-Zelllinie erzeugt werden. Dafür wurden HEK293-Zellen in eine 6-Lochplatte ausgesät und wie beschrieben mit 5 µl aufgereinigter BAC-DNA transfiziert. Nach 3 Tagen wurde das Medium gegen Hygromycin-haltiges Medium ausgetauscht (100 ng Hygromycin/ml Medium) und anschließend alle zwei Tage erneuert. Nach 7-10 Tagen konnten einzelne Zellklone isoliert und vermehrt werden. Je nach enthaltenem EBV-BAC wurden die Zellen als 293-WT-BAC-/ΔBDLF2-BAC-/ΔBMRF2-BAC-/Cherry-BFP-BAC-Zellen bezeichnet. Das Vorhandensein des BACs wurde regelmäßig durch Kontrolle grüner Fluoreszenz innerhalb der Zellen getestet.

2.2.1.8 Induktion der 293-BAC-Zellen und Produktion rekombinanter EBVs

Die Virusproduktion durch die stabilen Produzentenzelllinien wurde durch Induktion des lytischen Zyklus innerhalb der Zellen ausgelöst. Dazu wurden die Zellen einer T25-Flasche auf drei 6cm-Petrischalen aufgeteilt und anwachsen lassen. Sobald eine Konfluenz von ca. 70% erreicht wurde, wurde das Medium durch Antibiotikum-freies Medium ausgetauscht. Zur Induktion des lytischen Zyklus wurden die Zellen mit Expressionsvektoren für Zta (pCMVZ) und gp110 (pRA) transfiziert. Die Menge Plasmid-DNA entsprach dabei jeweils ½ der Gesamt-DNA-Menge.
Nach 3 Tagen wurde der Zellüberstand abgenommen, steril filtriert und bis zum Gebrauch bei -70°C gelagert. Für die Bestimmung der Viruslast wurden 200µl abgenommen und zur DNA-Isolation verwendet.

2.2.1.9 Infektion von Mammalia-Zellen mit rekombinantem EBV

In Vorbereitung auf die Infektion adhärenter Zellen wurden diese 24 h zuvor ausgesät. Dafür wurden für jeden Infektionsansatz $1*10^5$ Zellen in 1 ml Zellkulturmedium in eine Vertiefung einer 24-Lochplatte überführt (*Multiwell^{TM} 24/6 well*, Becton Dickinson). Anschließend wurden die Zellen über Nacht bei 37°C, 5 % CO_2 und 90 % Luftfeuchtigkeit inkubiert, so dass sie anwachsen konnten.
Primäre B-Lymphozyten bzw. Monozyten wurden mit einer Zelldichte von $1*10^6$ Zellen/ml Zellkulturmedium verwendet.

Die Virussuspension wurde direkt zu den Zellen gegeben. Es wurde eine *multiplicity of infection* von mindestens 10 verwendet (moi ≥ 10), was 10 infektiösen Viruspartikeln pro Zelle bedeutet. Nach der angegebenen Inkubationszeit wurde der Überstand abgenommen, die Zellen mit PBS gewaschen und zur weiteren Analyse verwendet.

2.2.1.10 Kultivierung von Bakterien

Die Bakterien wurden in Luria Bertani-Medium bei 37°C und 200 rpm schüttelnd angezogen. Die Inkubation erfolgte über Nacht. Zu Selektionszwecken wurden dem Medium Antibiotika mit einer Endkonzentration von 100 µg / ml Ampicillin, 25 µg / ml Kanamycin oder 15 µg / ml Chloramphenicol gegeben.

2.2.1.11 Herstellung von Glycerin-Kryokulturen

Glycerin-Stocks dienen der Aufbewahrung von Bakterienkulturen. Dabei verhindert das Glycerin Membranbeschädigungen im Gefrier-/Auftauzyklus, indem es das die Membran umgebende Wasser verdrängt.
Zu 800 µl einer frischen über-Nacht-Kultur wurden 200 µl Glycerin (100 %) gegeben. Die Ansätze wurden gemischt, in flüssigem Stickstoff eingefroren und bei -70°C gelagert.

2.2.1.12 Kultivierung von Hefezellen

Die Kultivierung von *S. cerecisiae* erfolgte auf Hefeagarplatten bei 30°C für circa 3 Tage bzw. im Medium bei 30°C und 200 rpm. Für untransformierte Hefen wurde Vollmedium (YPDA) verwendet. Als Selektionsmedium diente SD-Medium. Diesem wurden die entsprechenden Aminosäuren, sowie Glukose und andere Selektionsmittel zugefügt.

2.2.2 Molekularbiologische Methoden

2.2.2.1 Isolierung von Gesamt-DNA aus Mammalia-Zellen

Die DNA-Isolierung erfolgte mit Hilfe des *QIAamp® DNA Mini Kit* (Qiagen, Hilden) nach Herstellerangaben. Die DNA wurde in 50 µl TE-Puffer eluiert und bei -20°C gelagert.

2.2.2.2 Isolierung von Gesamt-RNA aus Mammalia-Zellen

Die RNA-Isolierung erfolgte mit Hilfe des *RNeasy® Mini Kit* (Qiagen, Hilden) nach Herstellerangaben. Die Elution der RNA erfolgte in 30 µl RNAse-freiem Wasser. Die RNA-Lösung wurde bei -70°C gelagert.

Material und Methoden

2.2.2.3 Plasmid-Minipräparation aus *E. coli*
Die Plasmid-Minipräparation wurde mit Hilfe des *NucleoSpin® Plasmid* Kits (Macherey-Nagel, Düren) nach Herstellerangaben durchgeführt.

2.2.2.4 Plasmid-Maxipräparation aus *E. coli*
Die Plasmid-Maxipräparation wurde mit Hilfe des *HiSpeed® Plasmid Maxi Kit* (Qiagen, Hilden) nach Herstellerangaben durchgeführt. Anschließend folgte eine Ethanolfällung um Reinheitsgrad und Konzentration der Plasmid-DNA zu erhöhen. Dabei wurde die DNA in einem Endvolumen von 100µl A. dest. aufgenommen.

2.2.2.5 BAC-Minipräparation aus *E.coli*
Die Isolation von bakteriellen artifiziellen Chromosomen (BACs) aus *E. coli* entsprach initial der alkalischen Lyse wie bei der Isolation von Plasmid-DNA. Die Aufreinigung der DNA erfolgte aber nicht über eine Säule, sondern durch eine Phenol-/Chloroform-Extraktion, da die BAC-DNA aufgrund ihrer Größe von 180 kbp nicht effizient an eine Anionenaustauscher-Säule aus Plasmid-Isolations-Kits bindet. Für die Isolation von BAC-DNA wurden ausschließlich abgeschnittene Spitzen verwendet um ein Scherung der DNA zu verhindern. Zunächst wurden 20 ml einer frischen *E. coli*-über-Nacht-Kultur 10 min bei 4400 rpm (*Heraeus Multifuge® 4 KR, Rotor LH-4000*) und 4°C zentrifugiert. Der Überstand wurde verworfen und das Zellpellet in 200 µl Puffer P1 aus dem *HiSpeed® Plasmid Maxi Kit* (Qiagen, Hilden) resuspendiert. Anschließend wurden 300 µl Puffer P2 zugegeben und der Ansatz durch invertieren gemischt. Nach einer Inkubation für maximal 5 min bei Raumtemperatur wurden 300 µl Puffer P3 zugegeben, der Ansatz durch Invertieren gemischt und 10 min auf Eis inkubiert. Durch eine Zentrifugation für 10 min bei 15000 rpm (*Centrifuge 5403*, Eppendorf) und 4°C wurden die ausgefallenen Zellbestandteile pelletiert. Der BAC-haltige Überstand wurde in ein neues Eppendorf-Gefäß überführt und mit 1 ml Phenol-/Chloroform-Lösung versetzt. Der Ansatz wurde 3 min durch Invertieren gemischt und 5 min bei Raumtemperatur inkubiert. Im Anschluss folgte eine 10-minütige Zentrifugation bei 15000 rpm und 4°C. Dabei werden die wasserlöslichen Nukleinsäuren von den Proteinen und Zellbestandteilen getrennt. Die wässrige Phase wurde abgenommen, in ein neues Eppendorf-Gefäß überführt, mit 800 µl Isopropanol versetzt und durch Invertieren gemischt. Nach einer Inkubation für 5 min bei Raumtemperatur wurde das Gemisch 7 min bei 15000 rpm und 4°C zentrifugiert. Das Isopropanol wurde abgenommen und das entstandene

Nukleinsäure-Pellet mit 750 µl 70 %-igem Ethanol gewaschen. Nach einer weiteren Zentrifugation für 5 min bei 15000 rpm und 4°C wurde das Ethanol abgenommen und das Nukleinsäure-Pellet luftgetrocknet. Im Pellet sind neben der BAC-DNA noch RNAs enthalten. Aus diesem Grund wurde das Pellet in 50 µl TE-Puffer mit 100 µg/ml RNAse aufgenommen und kurz bei 37°C inkubiert. Die isolierte BAC-DNA wurde bei 4°C gelagert.

2.2.2.6 Quantifizierung von Nukleinsäuren

Nukleinsäuren absorbieren das eingestrahlte Licht bei einer Wellenlänge von 260 nm maximal. Diese Tatsache wird für die Quantifizierung genutzt. Die zu messenden Proben wurden in dem entsprechenden Lösungsmittel verdünnt und die Absorption bei 260 nm bestimmt. Dazu wurde das Spektrophotometer *GeneQuant II* (Pharmacia Biotech) verwendet. Eine Extinktion von 1,0 entspricht einer Konzentration von 50 µg/ml bei DNA bzw. 40 µg/ml bei RNA. Zur Berechnung der DNA- bzw. RNA-Konzentration der Probe wurden folgende Formeln verwendet:

$$c_{DNA} = OD * 50 \ [ng/\mu l] * Verdünnungsfaktor$$
$$c_{RNA} = OD * 40 \ [ng/\mu l] * Verdünnungsfaktor$$

2.2.2.7 Verdau von genomischer DNA in RNA-Lösungen mit *DNase I*

Der DNase-Verdau dient der Entfernung eventuell vorhandener DNA-Verunreinigungen in RNA-Lösungen, die in weiteren Analysen zu fehlerhaften Ergebnissen führen könnten.

Standardreaktionsansatz:

10x Puffer DNaseI	4 µl
DNase I (10 U/µl, Roche)	2 µl
RNase-Inhibitor (40 U/µl, Roche)	0,5 µl
A. dest, RNase-frei	3,5 µl
RNA (50 ng - 2 µg)	30 µl

Der Ansatz wurde 45 min bei 37°C inkubiert. Anschließend wurde die Reaktion für 10 min bei 95°C abgestoppt. Die RNA wurde bei -70°C gelagert.

Material und Methoden

2.2.2.8 cDNA-Synthese

Bei der reversen Transkription wird mit einer RNA-abhängigen DNA-Polymerase (Reverse Transkriptase) aus RNA DNA hergestellt. Dabei entsteht die so genannte cDNA (*copy-DNA*), die im Gegensatz zur genomischen DNA keine Introns besitzt.
Die cDNA-Synthese erfolgte mit Hilfe des *Omniscript^{TM} RT-Kit* (Qiagen, Hilden).

Standardreaktionsansatz:

RNA (50 ng-2 µg)	5 µl
dNTPs (5 mM pro dNTP)	2 µl
Oligo(dT)Primer (10 µmol, Roche)	2 µl
10x RT-Puffer	2 µl
RNase-Inhibitor (40 U/µl, Roche)	0,5 µl
Omniscript RT (4 U/µl)	1 µl
A. dest, RNase-frei	7,5 µl

Die RNA wurde vor der Zugabe 5 min bei 65°C denaturiert. Der Reaktionsansatz wurde eine Stunde bei 37°C inkubiert. Die Reaktion wurde 5 min bei 95°C abgestoppt. Die cDNA wurde bei -20°C gelagert.

2.2.2.9 DNA-Amplifikationstechniken

Mit Hilfe der Polymerasekettenreaktion (PCR) können DNA-Fragmente spezifisch amplifiziert werden. Dazu werden zwei Oligonukleotide (*Primer*) verwendet, die sich an je einem Strang des zu vervielfältigenden DNA-Abschnittes anlagern und durch die *Taq*-Polymerase, eine hitzestabile DNA-abhängige DNA-Polymerase aus dem Organismus *Thermus aquaticus*, am freien 3'-OH-Ende verlängert werden. Der gesamte Prozess läuft in drei Abschnitten ab. Zunächst wird die DNA-Matrize bei 94°C denaturiert. Es folgt die Anlagerung der Primer (*Annealing*) bei einer spezifischen Temperatur, die von der Schmelztemperatur der verwendeten Primer abhängt. Anschließend erfolgt die Elongation der Primer bei 72°C. Diese drei Schritte werden vielfach wiederholt, so dass eine große Anzahl von Kopien des DNA-Abschnittes entsteht. Die Amplifikation verläuft exponentiell, da es in jedem Zyklus theoretisch zu einer Verdopplung der zuvor vorhandenen Produkt-Moleküle kommt.

2.2.2.9.1 Konventionelle PCR

Für die konventionelle PCR wurde die *Taq DNA Polymerase* (Qiagen, Hilden) verwendet. Der verwendete Reaktionspuffer enthält bereits das als Kofaktor benötigte $MgCl_2$.
Der Nachweis bestimmter DNA-Abschnitte erfordert eine höhere Sensitivität. Aus diesem Grund wurde das Verfahren der *nested*-PCR eingesetzt. Dabei wird das Produkt einer konventionellen PCR als Matrize in eine zweite PCR eingesetzt, bei der spezifische Primer verwendet werden, die jeweils in 3'-Richtung der zuvor verwendeten Primer verschoben sind. Somit ist das PCR-Produkt der zweiten Amplifikation ein Subfragment des Produktes der ersten Amplifikation. Dadurch kommt es zu einer stärkeren Amplifikation des gewünschten DNA-Abschnitts, ohne dass eventuelle unspezifische Nebenprodukte mit amplifiziert werden.

Standardreaktionsansatz für äußere und innere:

10x Puffer	5 µl
dNTP (2,5 mM/dNTP)	5 µl
5'-Primer (10 pmol/µl)	2 µl
3'-Primer (10 pmol/µl)	2 µl
Polymerase	0,5 µl
A. dest.	33,5 µl
DNA-Matrize (5-50 ng)	2 µl

Die PCR wurde im Thermocycler *UNO II* (Biometra) mit beheizbarem Deckel durchgeführt. Die erzeugten PCR-Produkte wurden durch eine Agarosegelelektrophorese überprüft, wobei je nach erwarteter Fragmentgröße ein 1,5 %-iges TBE-Gel (bis 1 kb) oder ein 0,8 %-iges TAE-Gel (> 1 kb) mit Ethidiumbromid verwendet wurde. Dabei wurde die Fragmentgröße mit einem DNA-Größenstandard (100 bp- und 1 kb-Leiter) verglichen.

Standard PCR-Programm:

94°C	2 min	
94°C	1 min	
T_A	1 min	35 x
72°C	1 min / kb	
72°C	7 min	
4°C	∞	

Material und Methoden

Die jeweilige Annealing-Temperatur (T_A) ist im Abschnitt 2.1.5 angegeben.

2.2.2.9.2 Real-Time-PCR

Die *real-time-PCR* erlaubt es, die exponentielle Zunahme der DNA schon während der Amplifikation zu verfolgen. In dieser Arbeit wurde der *LightCycler* (Roche, Mannheim) verwendet, der schnelle Temperaturänderungen und hohe Spezifität durch Bestimmung des Schmelzpunkts gewährleistet. Die Detektion der Produkte erfolgt mit Hilfe spezifischer Hybridisierungssonden. Eine Sonde (*upstream*-Sonde) ist mit 3' Fluorescein markiert, während die andere (*downstream*-Sonde) am 5'-Ende mit LC Red 640 gekoppelt ist. Durch Anlagerung der Sonden während der *Annealing*-Phase gelangen sie in räumliche Nähe und es findet ein Fluoreszenz-Resonanz Energie-Transfer (FRET) zwischen dem Fluorescein und dem LC Red 640 statt. Hierbei wird LC Red 640 durch das aktivierte Fluorescein angeregt und emittiert rotes Fluoreszenz-Licht (640 nm), welches durch den *LightCycler* detektiert wird. Die PCR-Produkte können anhand der Fluoreszenzintensität quantifiziert werden.

Die *real-time*-PCR erfolgte nach Herstellerangaben des *LightCycler® FastStart DNA Master HybProbe*-Kits (Roche, Mannheim).

Standardreaktionsansatz:

FastStart Reaktionsmix	2,0 µl
MgCl$_2$ (25 mM)	1,6 µl
5'-Primer (10 pmol/µl)	1 µl
3'-Primer (10 pmol/µl)	1 µl
3'-Fluorescein-Sonde (3 µM)	1 µl
5'-LC Red640-Sonde (3 µM)	1 µl
A. dest.	10,4 µl
DNA	2 µl

2.2.2.10 Sequenzierung

Die Sequenzierung erfolgte nach der Kettenabbruchmethode nach Sanger *et al.* (1977) unter Verwendung des *ABI Prism dRhodamine Terminator Cycle Sequencing Ready Reaction Kit* (ABI Prism™)[164]. Der *Terminator Ready Reaction Mix* enthält markierte ddNTPs (Tabelle 1), dNTPs, *Taq*-DNA Polymerase, MgCl$_2$ und Tris/HCl-Puffer pH 9,0.

Material und Methoden

Terminator	Rhodamine Farbstoff
ddATP	dR6G
ddCTP	dROX
ddGTP	dR110
ddTTP	dTAMRA

Tabelle 1: Fluoreszenzfarbstoffe der ddNTPs.

Die Sequenzierungsreaktion wurde mit einem Thermocycler durchgeführt.

Standard-Reaktionsansatz:

dsDNA (200-500 ng)	x µl
Terminator Ready Reaktion Mix	8 µl
Sequenzierungsprimer (3,2 µM)	1 µl
A. dest	ad. 20 µl

Thermocycler-Bedingungen:

2 min	96°C
30 s	96°C
15 s	50°C
4 min	60°C
∞	4°C

25 x (Schritte 30 s / 15 s / 4 min)

Nach der Sequenzierungsreaktion wurden die PCR-Produkte zur Reinigung mit Ethanol gefällt (2.2.2.12.3). Das luftgetrocknete Pellet wurde in 23 µl $Hi\text{-}Di^{TM}$ *Formamide* (Applied Biosystems, Weiterstadt) aufgenommen und anschließend bei 95°C für 2 min denaturiert. Zum Abkühlen der Proben wurden sie kurz auf Eis inkubiert und anschließend in Sequenzierröhrchen überführt. Die Analyse der Proben fand im Sequenator *ABI Prism^{TM}310 Genetic Analyser* (Applied Biosystems, Weiterstadt) mit dem *Performance Optimized Polymer 6* (PopTM-6; ABI Prism Applied Biosystems, Weiterstadt) unter Auftrennung der DNA-Moleküle statt.

Die Auswertung der Ergebnisse erfolgte anhand eines Sequenzvergleichs. Dabei wurde die ermittelte Sequenz mithilfe des BLAST (*Basic Local Alignment Search Tool*)-Programms mit Datenbanksequenzen verglichen.

2.2.2.11 Agarosegelelektrophorese

Abhängig von der erwarteten Fragmentgröße wurden verschiedene Agarosegele verwendet. Für Fragmente unter 1000 bp wurden 1,5%-ige TBE-Gele verwendet, für größere Fragmente 0,8%-ige TAE-Gele. Zur Herstellung der Agarosegele wurde das Agarose-Puffer-Gemisch bis zum vollständigen Lösen in der Mikrowelle aufgekocht. Nach dem Abkühlen auf ca. 65°C wurde Ethidiumbromid in einer Endkonzentration von 0,1 µg/ml hinzu gegeben.

Die Proben wurden im Verhältnis 1:10 mit 10x Ladepuffer versetzt und in die Taschen des Gels pipettiert. In eine Geltasche wurde zusätzlich ein DNA-Längenstandard pipettiert, der den erwarteten Größenbereich abdeckt. Die Auftrennung der Fragmente erfolgte bei 5V/cm Elektrodenabstand und je nach Art des Gels in 0,5 x TBE- bzw. 1 x TAE-Puffer. Die Analyse und Dokumentation der Auftrennung erfolgte durch die *BioDoc Analyze Camera* (Biometra, Göttingen).

<u>Verwendete DNA-Längenstandards:</u>

1) DNA-Längenstandard X: 0,07 – 12,2 kbp (Roche, Mannheim)
2) DNA-Längenstandard XIV: 100-Basenpaarleiter: 0 – 1500 bp (Roche, Mannheim)

2.2.2.12 Aufreinigung von DNA-Fragmenten

2.2.2.12.1 Extraktion von DNA-Fragmenten aus Agarosegelen

Die entsprechenden DNA-Fragmente wurden aus dem Agarosegel ausgeschnitten und mit Hilfe des *QIAquick® Gel Extraction Kit* (Qiagen, Hilden) nach Herstellerangaben extrahiert. Die DNA wurde in 30 µl A. dest. eluiert.

2.2.2.12.2 Aufreinigung von PCR-Produkten

Die Aufreinigung der PCR-Produkte erfolgte mit Hilfe des *QIAquick® PCR Purification Kit* (Qiagen, Hilden) nach Herstellerangaben. Die DNA wurde in 30 µl A. dest eluiert.

2.2.2.12.3 Ethanolfällung

Ethanol entzieht der DNA die Hydrathülle, dadurch präzipitiert sie. Verunreinigungen verbleiben in der Lösung und können so entfernt werden.

Zur DNA-Lösung wurden 0,1 Volumen Natriumacetat und 2,5 Volumen eiskalter absoluter Ethanol gegeben. Das Gemisch wurde 30 min bei -20°C inkubiert und anschließend 30 min bei 4°C und 15000 rpm (*Centrifuge 5403*, Eppendorf) zentrifugiert. Der Überstand wurde verworfen und das DNA-Pellet in 250 µl 70 % Ethanol aufgenommen. Die Lösung wurde 10 min bei 4°C und 15000 rpm zentrifugiert und der Überstand verworfen. Das Pellet wurde an der Luft getrocknet und in A. bidest. gelöst.

2.2.2.13 Restriktionsanalyse

Die verwendeten Restriktionsenzyme wurden von Fermentas bezogen. Bei jedem Restriktionsverdau wurden 4 U Enzym pro µg DNA eingesetzt. Das Gesamtvolumen des Restriktionsansatzes entsprach mindestens dem 10fachen des eingesetzten Enzymvolumens. Für den Verdau von 2,5 µg DNA ergab sich dementsprechend folgender Restriktionsansatz:

Standardreaktionsansatz:

    DNA   2,5 µg
    10x Restriktionspuffer   1 µl
    Restriktionsenzym (10 U/µl)   1 µl
    A. dest   ad. 10 µl

Beim Kontrollverdau von Plasmid-DNA aus Plasmid-Minipräparationen wurde die DNA-Konzentration nicht bestimmt und daher folgender Standardreaktionsansatz gewählt:

    Plasmid-DNA   4 µl
    Je Enzym (10 U/µl)   0,2 µl
    10x Puffer   1 µl
    A. dest   ad. 10 µl

Die Restriktionsansätze wurde mindestens eine Stunde bei der entsprechenden Reaktionstemperatur inkubiert. Anschließend wurde die Reaktion durch Hitzeinaktivierung oder Inkubation bei -20°C abgestoppt.

2.2.2.14 Ligation von DNA-Fragmenten

Für die Ligation von Restriktionsfragmenten wurde die T4-Ligase (New England Bioloabs) verwendet. Dafür wurden Vektor- und Insert-DNA in einem molaren Verhältnis von 1:3 eingesetzt. Insgesamt waren 200-300 ng DNA in einem Ligationsansatz enthalten.

Standardreaktionsansatz:

Vektor-DNA	100-200 ng
Insert	100-200 ng
10x T4-Ligase-Puffer	1 µl
T4-Ligase (400 U/µl)	1 µl
A. dest	ad. 10 µl

Je nach Ligation wurde der Ansatz über Nacht bei 4°C oder 16°C inkubiert.

2.2.2.15 Dephosphorylierung von DNA-Fragmenten

Bei der Restriktion von DNA entsteht eine freie OH-Gruppe am 3'-Ende und eine freie Phosphatgruppe am 5'-Ende des DNA-Doppelstrangs. Phosphatasen entfernen diese Phosphatgruppe, wodurch Religationen der DNA verhindert werden.

Standardreaktionsansatz:

DNA/Restriktionsansatz	10 µl
10x Phosphatase-Puffer	2 µl
Phosphatase	2 µl
A. bidest	ad. 20 µl

Der Ansatz wurde eine Stunde bei 37°C inkubiert. Anschließend wurde die Reaktion 5 min bei 65°C abgestoppt.

2.2.2.16 Herstellung chemokompetenter *E. coli*-Zellen

100 ml LB-Medium wurden mit 100 µl einer frischen *E. coli* über-Nacht-Kultur beimpft und bis zu einer optischen Dichte von 0,4 - 0,7, bei einer Wellenlänge von 600 nm (OD_{600nm}), bei 37°C und 200 rpm schüttelnd inkubiert. Die Bakteriensuspension wurde auf zwei 50 ml Reaktionsgefäße aufgeteilt und für 10 min bei 4°C und 4400 rpm (*Heraeus Multifuge® 4 KR, Rotor LH-4000*) zentrifugiert. Anschließend wurde auf Eis weitergearbeitet. Der Überstand

Material und Methoden

wurde verworfen, die Zellpellets in 10 ml 100 mM MgCl$_2$-Lösung aufgenommen und dabei vereinigt. Die Suspension wurde erneut für 10 min bei 4°C und 4400 rpm zentrifugiert und der Überstand verworfen. Die Zellen wurden in 2 ml 50 mM CaCl$_2$-Lösung + 15 % Glycerin (v/v) resuspendiert und zu je 200 µl aliquotiert. Die Aliquots wurden in flüssigem Stickstoff eingefroren und bei -70°C gelagert.

2.2.2.17 Transformation chemokompetenter *E. coli*-Zellen

Die Zellen wurden auf Eis aufgetaut. Es wurden 50-100 ng DNA zugegeben und der Ansatz wurde vorsichtig gemischt. Der Ansatz wurde 30 Minuten auf Eis inkubiert. Es folgte ein Hitzeschock für 30 s für *One Shot® TOP10 Chemically Competent Cells* (2.1.2.1) bzw. 90 s für *E. coli* DH5α (2.1.2.2) und DH10B bei 42°C im Wasserbad. Die Zellen wurden kurz auf Eis abgekühlt, 250 µl Medium wurden zugegeben und die Bakterien 30 - 60 min bei 37°C und 200 rpm schüttelnd inkubiert.

Die Transformationsansätze wurden auf LB-Platten mit entsprechendem Antibiotikum (2.1.8) ausplattiert und über Nacht bei 37°C bebrütet.

2.2.2.18 Transformation elektrokompetenter *E. coli*-Zellen

40 µl elektrokompetente *E-Shot™ DH10B™-T1R Electrocompetent Cells* (2.1.2.3) wurden mit 50-100 ng salzfreier DNA gemischt und in eine gekühlte Küvette transferiert. Die Küvette wurde außen abgetrocknet und in den Küvettenhalter eingeschoben. Bei 2 kV/cm, 250 µF und 200 Ω wurde der Impuls sofort ausgelöst. Die Zeitkonstante t sollte 4 - 5 ms betragen. Direkt danach wurde 1 ml SOC-Medium zugegeben und die Suspension in ein Zentrifugenröhrchen mit 1 ml SOC-Medium überführt. Die Zellen wurden für eine Stunde bei 37°C und 225 rpm schüttelnd inkubiert und anschließend für 5 min bei 4000 rpm abzentrifugiert. Der Überstand wurde verworfen und das Zellpellet in 250 µl frischem SOC-Medium resuspendiert. Im Anschluss wurden die Transformationsansätze auf LB-Platten mit entsprechendem Antibiotikum (2.1.8) ausplattiert und über Nacht bei 37°C bebrütet.

2.2.2.19 Mutation von DNA-Sequenzen mittels zielgerichteter Mutagenese

Zur zielgerichteten Mutagenese kurzer Sequenzbereiche wurde das *QuikChange® Site-Directed Mutagenesis Kit* von Stratagene verwendet. Dabei wird eine Mutation mit Hilfe einer Amplifikationsreaktion in einen Vektor eingefügt, bei der Oligonukleotide verwendet wurden, die sowohl die Zielsequenz als auch die Mutation enthalten. Die eingesetzten Olginukleotide wurde nach Herstellerangaben optimiert (2.1.5).

Standardreaktionsansatz:

10x Reaktionspuffer	5 µl
Sense-Primer (60 ng/µl)	2 µl
Antisense-Primer (60 ng/µl)	2 µl
dNTP-Mix	1 µl
A. dest	35 µl
Vektor-DNA (10 ng/µl)	4 µl
Pfu-Turbo-Polymerase (2,5 U/µl)	1 µl

Die Amplifikation erfolgte im Thermocycler mit den vom Hersteller angegebenen Programmbedingungen.

Im Anschluss an die Amplifikation wurde 1 µl *Dpn*I direkt zum Mutagenseprodukt gegeben und der Ansatz eine Stunde bei 37°C inkubiert. *Dpn*I ist eine Endonuklease, die spezifisch methylierte DNA-Stränge aus hemimethylierten Doppelsträngen abdaut. Dadurch werden DNA-Moleküle, die die Mutation nicht tragen, eliminiert. 5 µl des *Dpn*I-Verdaus wurden anschließend in *XL10-Gold® Ultracompetent Cells* oder *XL1-Blue Ultracompetent Cells* (Stratagene) nach Herstellerangaben transformiert. Die Transfomationsansätze wurden auf LB-Platten ausplattiert, die das entsprechende Antibiotikum zur Selektion enthielten (2.1.8).

2.2.2.20 Mutagenese des EBV-BACs durch homologe Rekombination

Die Mutagenese des EBV-BACs läuft in mehreren Teilschritten ab. Zunächst wurden *E. coli* DH10B-Zellen mit dem zu mutierenden BAC durch Elektroporation transformiert und durch Chloramphenicol selektiert. Aus positiven Klonen wurden chemokompetente *E. coli* DH10B+BAC-Zellen generiert, welche mit dem die entsprechende Mutation tragenden Shuttle-Plasmid transformiert wurden. Transformanten wurden für 1-2 d bei 30°C und auf Chloramphenicol/Kanamycin-haltigem Medium bebrütet. Um die Bildung des Kointegrats einzuleiten wurden einige Klone auf frische LB+Chloramphenicol/Kanamycin-Platten ausgestrichen und für 1-2 d bei 43°C inkubiert. Von jedem Ausstrich wurden Klone ausgewählt und in LB+Chloramphenicol/Kanamycin-haltigem Flüssigmedium über Nacht bei 30°C und 200 rpm schüttelnd inkubiert. Dadurch sollte die Auflösung des Kointegrats begünstigt werden. Die Kulturen wurden auf LB+Chloramphenicol+5% (w/v) Sucrose-Platten ausgestrichen und über Nacht bei 37°C bebrütet. Angewachsene Klone wurden nochmals auf den Verlust des Shuttle-Vektors überprüft. Dazu wurden sie auf LB+Chloramphenicol-, sowie LB+Chloramphenicol/Kanamycin-Platten überimpft und über Nacht bei 37°C inkubiert. Bakterienklone, die nur auf LB+Chloramphenicol-, nicht aber auf Kanamycin-haltigen Platten gewachsen waren, wurden für eine BAC-Minipräparation verwendet.

2.2.2.21 Yeast Two Hybrid-Analyse

Die Yeast Two Hybrid-Analyse ermöglicht die Identifikation neuer Interaktionspartner des untersuchten Proteins. Das Protein, das als *bait* bezeichnet wird, wird dabei in translationaler Fusion zur Aktivierungsdomäne des Hefetranskriptionsaktivator Gal4 in Hefezellen exprimiert. Eine humane cDNA-Bibliothek, in translationaler Fusion zur DNA-Bindedomäne von Gal4, das *prey*, wird koexprimiert. Wenn *bait* und *prey* interagieren, kommen Aktivierungsdomäne und DNA-Bindedomäne von Gal4 in räumliche Nähe, so dass ein funktionales Holoprotein gebildet wird und die Transkription von vier Hefegenen (AUR1-C, ADE2, HIS3 und MEL1) aktiviert. Auf die Expression dieser Gene wird selektiert und das bait-Plasmid reisoliert um die entsprechende cDNA und damit den potentiellen Interaktionspartner zu identifizieren.

Für die *Yeast Two Hybrid*-Analyse wurde das *Matchmaker^{TM} Gold Yeast-Two-Hybrid* System und eine normalisierte universale humane *Mate & Plate^{TM} Library* (beides Clontech, Mountain View) verwendet. Alle Schritte erfolgten nach Herstellerangaben, die verwendeten Lösungen waren im System enthalten. Im Folgenden werden die einzelnen Schritte in Kurzform beschrieben.

2.2.2.21.1 Herstellung und Tranformation kompetenter *Saccharomyces cerevisiae*-Zellen

Zur Herstellung und Transormation kompetenter *S. cerevisiae*-Zellen, wurde das *Yeastmaker^{TM} Yeast Transformation System 2* (Clontech, Mountain View) nach Herstellerangaben verwendet. Dafür wurde zunächst aus einer frischen Hefekolonie eine über Nacht-Kultur angeimpft. Am nächsten Tag wurde diese zur Inokulation der Hauptkultur verwendet, welche bis zu einer OD_{600nm} von 0,15-0,3. Nach einem Mediumswechsel wurde die Inkubation fortgesetzt. Sobald eine OD_{600nm} von 0,4-0,5 erreicht war, wurden die Zellen einmal mit A. bidest und einmal mit TE/LiAc gewaschen und in TE/LiAc aufgenommen.

Material und Methoden

Für die Transformation wurden zu den kompetenten Hefezellen die Plasmid-DNA und eine Träger-DNA gegeben. Zu dem Gemisch wurde PEG/LiAc hinzugefügt und es folgte eine Inkubation bei 30°C, bei der die DNA an die Zellen binden konnte. Anschließend wurde DMSO zu den Zellen gegeben und diese bei 42°C inkubiert um die Aufnahme der DNA in die Zellen zu ermöglichen. Danach wurden die Zellen pelletiert und das Transformationsgemisch wurde abgenommen. Die Zellen wurden in Medium resuspendiert und zur Regeneration bei 30°C inkubiert. Das Medium wurde mittels Zentrifugation entfernt, die Zellen in 0,9 % NaCl-Lösung aufgenommen und auf Selektionsplatten ausgestrichen.

2.2.2.21.2 Paarung von *Saccharomyces cerevisiae-bait-* und *prey*-Zellen

Nach der erfolgreichen Tranformation von *S. cerevisiae* mit dem *bait*-Plasmid, wurde ein Klon angereichert und mit dem *S. cerevisiae-prey*-Stamm, der die cDNA-Bibliothek enthält, vereint. Das Zellgemisch wurde für einen Tag unter leichtem Schütteln bebrütet, damit Zellen der verschiedenen Stämme sich paaren konnten. Die erfolgreiche Paarung zeichnete sich durch die Ausbildung von Zygoten aus, auf deren Vorhandensein die Kultur vor der weiteren Bearbeitung kontrolliert wurde. Anschließend wurden die Zellen auf SD-Selektionsplatten ausgestrichen, die weder Leucin, noch Tryptophan enthielten, dafür aber Aureobasidin A und X-α-Gal. Gene für die Leucin- bzw. Tryptophansynthese befinden sich als positive Selektionsmarker auf den Plasmiden von *prey* bzw. *bait*. Aureobasidin A (AbA) ist ein toxisches Agens. Der durch Interaktion von *bait* und *prey* gebildeter funktionaler Gal4-Transkriptionsaktivator aktiviert ein Aureobasidin-Resistenzgen (AUR1-C). Durch die Interaktion wird außerdem eine α-Galaktosidase (MEL1) exprimiert, die die Spaltung von X-α-Gal katalysiert. Dadurch erhalten die Hefezellen eine blaue Färbung.

Alle positiven Klone wurden zur Überprüfung ihrer Spezifität stärker selektiert. Dafür wurden sie auf SD-Platten ausgestrichen, die neben den bereits beschriebenen Selektionsmitteln (Leu$^-$, Trp$^-$, AbA$^+$, X-α-Gal$^+$) außerdem Histidin- und Adenin-frei waren. Nur durch Gal4 werden die entsprechenden Synthesegene HIS3 und ADE2 aktiviert, so dass positive Klone wachsen können. Zellklone, die auch bei dieser Selektion durch vier Selektionsmittel, wachsen konnten, wurden als positiv betrachtet.

2.2.2.21.3 Reisolation des *prey*-Plasmids aus *Saccharomyces cerevisiae*-Zellen

Eine frische Hefekolonie wurde in 20 µl Isolationspuffer suspendiert. Eine kleine Menge 0,5 mm Glaskugeln wurde hinzugegeben, sowie 20 µl Phenol-Chloroform-Lösung. Das Gemisch

Material und Methoden

wurde zum Aufschluss der Hefezellen für 5 min mittels Vortexer gemischt. Es folgte eine Zentrifugation für 5 min bei 23.000 g und 4°C. Von der oberen wässrigen Phase wurden bis zu 10 µl abgenommen und in ein neues Gefäß überführt, sie enthält die isolierte DNA. Die auf diese Weise gewonnene *S. cerevisiae* DNA wurde anschließend in *E. coli* Top10-Zellen transformiert.

Isolationspuffer:	Triton-X-100	2 % (v/v)
	SDS	1 % (w/v)
	NaCl	100 mM
	Tris/HCl, pH 8,0	10 mM
	EDTA, pH 8,0	1 mM

2.2.2.22 Southern Blot

Der Southern Blot ist eine Methode zum Nachweis von DNA-Sequenzen in komplexen DNA-Präparationen. Dabei werden die DNA-Fragmente zunächst auf einem Agarosegel elektrophoretisch aufgetrennt. Anschließend erfolgen der Transfer der DNA auf eine Nylonmembran und der Nachweis der DNA-Sequenz durch eine spezifische Digoxigenin (Dig)-markierte DNA-Sonde. Durch einen anti-Dig-Antikörper, der mit dem Enzym Alkalische Phosphatase gekoppelt ist, können die DNA-Banden auf einem Röntgenfilm sichtbar gemacht werden.

2.2.2.22.1 Vakuumblot

Der Transfer der DNA aus dem Agarosegel auf die Nylonmembran (*Hybond-N+ Nylon Transfer Membrane*, Amersham Pharmacia Biotech) erfolgte über einen Vakuumblot (*VacuGeneTM XL-System*, Pharmacia Biotech). Die Blotapparatur wurde folgendermaßen aufgebaut: In die Blotschale wurde zunächst eine poröse Platte als durchlässiger Träger gelegt, darauf die Nylonmembran und darüber eine Folie, die den Rest der porösen Platte der Apparatur luftundurchlässig abgedeckt. Das Gel wurde auf die Membran gelegt, das Vakuum angeschlossen und auf 55 mbar eingestellt. Während des Blots wurde das Gel 15 min mit Fragmentierungslösung behandelt. Dies führt zu einer Depurinierung der DNA, die die Transfereffizienz stark erhöht. Anschließend wurde das Gel 45 min mit Denaturierungslösung, 45 min mit Neutralisierungslösung und 2 Stunden in 20xSSC geblottet. Nach dem Blot wurde die Membran 2 x für 5 Minuten in 5xSSC gewaschen.

Material und Methoden

Die Fixierung der DNA an die Membran erfolgte durch Crosslinken (Stratalinker 2400, Stratagene, Heidelberg). Zusätzlich wurde die Membran 30 Minuten bei 80°C gebacken, was zu einer nicht-kovalenten Bindung der DNA führt. Die Nylonmembran wurde anschließend in eine Hybridisierungsröhre überführt.

2.2.2.22.2 Hybridisierung

Zur Absättigung freier DNA-Bindungsstellen auf der Membran, wurde diese 2 Stunden mit 20 ml auf 42°C vorgewärmten *DIG Easy Hyb* (Roche, Mannheim) im Hybridisierungsofen prähybridisiert. Die Hybridisierung erfolgte im Anschluss bei 42°C über Nacht. Dazu wurden zunächst 20 µl Sonde in 1 ml *DIG Easy Hyb* aufgenommen und 5 min bei 95°C denaturiert, anschließend wurden 9 ml auf 42°C vorgewärmte *DIG Easy Hyb*-Lösung zugegeben und diese Sondenlösung zur Nylonmembran gegeben. Die Sondenlösung wurde nach der Hybridisierung bei -20°C gelagert. Zur Wiederverwendung wurde die Lösung aufgetaut und 10 min bei 68°C denaturiert.

2.2.2.22.3 Herstellung Dig-markierter DNA-Sonden

Die Herstellung DIG-markierter Sonden für die spezifische Detektion von DNA-Fragmenten im Southern Blot wurde das PCR *DIG Probe Synthesis Kit* (Roche, Mannheim) nach Herstellerangaben verwendet. Dabei wird das Produkt einer PCR während der Amplifikation DIG-markiert, da neben dem Synthese-Mix Dig-markiertes dUTP zugegeben wurde (DIG-11-dUTP), welches in den neu-sythetisierten Strang eingebaut wird. Es wurde neben jeder Synthesereaktion eine konventionelle PCR durchgeführt. Die Produkte wurden auf einem Agarosegel kontrolliert. Zeigte das DIG-PCR-Produkt ein größeres Molekulargewicht als das konventionelle Produkt, war die Synthese der Sonde erfolgreich.

Im Anschluss an die DIG-Synthese-PCR folgte eine Ethanol/Lithiumchlorid-Fällung zur Aufreinigung der Produkte. Dafür wurden 3 V eiskalter Ethanol + 1/10 Volumen 4 N LiCl zu einem Volumen DIG-PCR-Produkt gegeben. Das Gemisch wurde 30 min bei -70°C inkubiert. Das Präzipitat wurde durch Zentrifugation für 30 min bei 23.000 g und 4°C pellettiert. Der Überstand wurde abgenommen und das Pellet mit 250 µl 70 % Ethanol gewaschen. Nach einer weiteren Zentrifugation für 10 min bei 23.000 g und 4°C wurde der Überstand abgenommen und das Pellet getrocknet. Die aufgereinigte Sonden-DNA wurde anschließend in 1 Ausgangsvolumen TE-Puffer resuspendiert, aliquotiert und bei -20°C gelagert.

Material und Methoden

Folgende Sonden wurden in dieser Arbeit hergestellt:
BDLF2-Sonde zur Detektion von BDLF2 (mit Primern MP1 5' und 3')
BFP-Sonde zur Detektion von BFP im Cherry-BFP-BAC (BFP 5' und 3')

2.2.2.22.4 Immundetektion

Nach der Hybridisierung wurde die Nylonmembran zunächst zweimal 5 min mit 2x SSC + 0,1 % (w/v) SDS bei Raumtemperatur und zweimal 15 min mit vorgewärmten 0,5x SSC + 0,1 % (w/v) SDS bei 63°C gewaschen um die restliche Sondenlösung zu entfernen. Bei den folgenden Schritten wurden die Lösungen aus dem *Dig Wash and Block Buffer Set* (Roche, Mannheim) verwendet. Alle Wasch- und Inkubationsschritte erfolgten unter leichtem Schütteln bei Raumtemperatur. Die Membran wurde 3 min in Waschpuffer gewaschen und 30 min mit *Blocking Solution* inkubiert, um freie Protein-Bindungsstellen abzusättigen. Die Erkennung der Dig-markierten Sonde erfolgte über einen Anti-Dig-Antikörper (*Dig Luminescent Detection Kit for Nucleic Acids*; Roche, Mannheim), der mit Alkalischer Phosphatase konjugiert ist. Dieser wurde 1:10.000 in 20 ml *Blocking Solution* verdünnt und zur Membran gegeben. Nach einer 30-minütigen Inkubation wurde die Membran zweimal 15 min mit Waschpuffer gewaschen, um unspezifisch gebundenen Antikörper zu entfernen. Anschließend wurde die Membran 4 Minuten in Detektionspuffer äquilibriert. Die Detektion erfolgte mit CSPD-Substrat (*Dig Luminescent Detection Kit for Nucleic Acids*; Roche, Mannheim), welches 1:100 in Detektionspuffer verdünnt wurde. Die Membran wurde mit der Substratlösung in Folie eingeschweißt und 15 min bei 37°C inkubiert. Nach der Inkubation wurde die Substratlösung entfernt. Die Detektion erfolgte mit dem Chemilumineszenzleser LAS3000.

2.2.3 Proteinbiochemische und immunologische Methoden

2.2.3.1 Proteinisolation aus Mammalia-Zellen

Die Zellen wurden direkt auf Eis überführt, das Medium abgenommen und mit eiskaltem PBS gewaschen. Pro Loch einer 6-Lochplatte wurden 100-200 µl modifizierter Ripa-Puffer auf die Zellen gegeben, pro 6cm-Zellkulturschale wurde 1 ml verwendet. Die Zellen wurden 15-30 min schüttelnd auf Eis lysiert. Danach wurde das Lysat in ein Eppendorfgefäß überführt und 10 min bei 14.000 g und 4°C zentrifugiert. Der Überstand wurde abgenommen, aliquotiert und bei -20°C gelagert.

2.2.3.2 Quantifizierung von Proteinen

Die Quantifizierung von Proteinen mittels Bradford-Test erfolgt über einen Protein-Farbstoff-Komplex, der ein Absorptionsmaximum bei 595 nm besitzt, wobei die Absorption ein Maß für die Proteinkonzentration darstellt. Zur Quantifizierung wurde durch Reihenverdünnung eine BSA-Standardreihe von 10 µg/ml bis 0,625 µg/ml hergestellt. Die Proteinproben wurden 1:100 in A. dest. verdünnt. Als Referenz wurde A. bidest. verwendet.

Je 1 ml der Proben, der Standards und der Referenz wurde mit 1 ml *Bradford Reagent* (Sigma) in einer Küvette gemischt. Die Ansätze wurden 15-45 min bei Raumtemperatur im Dunkeln inkubiert. Anschließend erfolgte die photometrische Messung bei 595 nm. Mit Hilfe der Standardproben wurde eine Regressionsgerade erstellt, welche die Konzentrationsbestimmung der Proteinproben mit Hilfe der Absorption ermöglicht.

2.2.3.3 Deglykosylierung von Proteinen

Alle verwendeten Glykosidasen und Puffer wurden von New England Biolabs bezogen.
In Vorbereitung auf die Deglykosylierung wurden die Proteine zunächst denaturiert.

Standardreaktionsansatz: min. 15 µg Lysat
  1 µl Glykoprotein-Denaturierungspuffer
  ad. 10 µl A. dest.

Der Reaktionsansatz wurde 30 min bei 30°C inkubiert. Im Anschluss an die Denaturierung erfolgte die Deglykosylierung durch Zugabe eines Glykosidase-Mix zu 10 µl Denaturierungsreaktionsansatz.

A) PNGaseF-Mix: 1 µl PNGase F   B) EndoH-Mix: 1 µl EndoH
  1,5 µl 10x Puffer G7   1,5 µl 10x Puffer G5
  1,5 µl 10 % NP-40 (v/v)   2,5 µl A. dest.
  1 µl A. dest.

Für die Behandlung mit α1-2,3-Mannosidase wurden die Zelllysate nicht denaturiert, sondern direkt mit der Glykosidase behandelt.

Material und Methoden

Mannosidase-Ansatz: min. 15 µg Lysat

1 µl α1-2,3-Mannosidase

1 µl 10x Puffer G6

1 µl 10x BSA

ad. 10 µl A. dest.

Die Reaktion wurde über Nacht bei 37°C inkubiert. Am nächsten Tag wurden 20 bzw. 10 µl 2xProteinprobenpuffer zu den Reaktionsansätzen gegeben. Da die Reaktionspuffer teilweise saure pH-Werte besitzen, wurde der pH der Proben durch Zugabe von 1 M Tris/HCl (pH 9,5) ausgeglichen. Die Proben wurden anschließend 10 min bei 40°C denaturiert. Es folgten eine SDS-PAGE und ein Western Blot zum Proteinnachweis.

2.2.3.4 Oberflächenbiotinylierung

Zur Überprüfung der Membranlokalisation von Proteinen wurden Zellen in 6cm-Zellkulturschalen ausgesät, nach 24 h transfiziert und für den Oberflächenbiotinylierungstest verwendet. Alle Inkubationsschritte erfolgten auf Eis bzw. bei 4°C. Die Zellen wurden zunächst zweimal mit eiskaltem PBS (pH 7,4) gewaschen und danach mit dem Biotin-*Crosslinker* inkubiert. Der *Crosslinker EZ-Link® Sulfo-NHS-LC-Biotin* (Thermo Scientific, Rockford) bindet durch Aminierung an extrazelluläre Bereiche von Transmembranproteinen. Die Gebrauchslösung muss direkt vor dem Experiment hergestellt werden. Dazu wurden 3 µg Sulfo-NHS-Biotin in 540 µl A. dest. gelöst (ergibt 10 mM Lösung) und anschließend in PBS (pH 7,4) auf eine 0,2 mM Lösung verdünnt. Die Zellen wurden mit 7 ml der Sulfo-NHS-Biotin-Lösung für 30 min inkubiert. Danach wurde die Lösung abgenommen, die Zellen dreimal mit PBS (pH 7,4) gewaschen und 10 min mit 20 mM Glycin-Lösung (in PBS) inkubiert um die Biotinylierungsreaktion abzustoppen. Das Glycin wurde abgenommen und die Zellen mit 1 ml Ripa-Puffer lysiert. Nach 30 min wurden die Lysate in ein Eppendorf-Reaktionsgefäß überführt und die unlöslichen Bestandteile durch Zentrifugation bei 10.000g und 4°C pelletiert. Der Überstand wurde abgenommen. Ein Aliquot wurde zur Analyse des Zelllysats abgenommen, der Rest wurde für die Affinitätspräzipitation verwendet. Dazu wurden die Lysate 1 h mit 50 µl einer 50%-igen Streptavidin-Agarose (Thermo Scientific, Rockford) inkubiert. Die Agarose bindet an die Biotin-Markierungen und isoliert auf diese Weise die Transmembranproteine aus dem Zelllysat. Zur Aufreinigung der Proteine, wurde die Agarose nach der Inkubation pelletiert und dreimal mit Ripa-Puffer gewaschen. Das

Agarosepellet wurde anschließend in 40 µl 2x Proteinprobenpuffer aufgenommen und 10 min bei 40°C denaturiert. Die auf diese Weise erhaltenen Eluate, sowie die Zelllysate wurden anschließend mittels SDS-PAGE und Western Blot analysiert.

2.2.3.5 Immunpräzipitation

Für die Immunpräzipitation wurden die Zellen in 6cm-Zellkulturschalen ausgesät, transfiziert und nach 24 h wie beschrieben lysiert. Um unspezifische Interaktionen zu vermeiden, wurde das Zelllysat vorgeklärt. Dazu wurden 100 µl einer 50%-igen Protein-A-Agarose-Lösung (Millipore, Temecula) pelletiert, zweimal mit 500 µl PBS gewaschen und anschließend durch Zugabe von 50 µl PBS wieder auf eine 50%-ige Lösung eingestellt. Das Zelllysat wurde auf Eis mit der Protein-A-Agarose schüttelnd inkubiert. Diese wurde bei der anschließenden Zentrifugation pelletiert und das Zelllysat im Überstand abgenommen. Es folgte eine Protein-Konzentrationsbestimmung. Das Lysat wurde anschließend auf eine Konzentration von 1 mg/ml eingestellt. Zur Verdünnung wurde eiskaltes PBS + 1mM PMSF + 1mM Na_3VO_4 + 1x Protease Inhibitor Mix verwendet. 500 µl des Lysats wurden über Nacht bei 4°C, schüttelnd mit dem entsprechenden Antikörper inkubiert. Die Menge eingesetzten Antikörpers entsprach den Herstellerangaben. Während dieser Zeit bindet der Antikörper sein spezifisches Protein. Am nächsten Tag wurden die Ansätze mit 100 µl gewaschener Protein-A-Agarose-Lösung versetzt und 2 h bei 4°C schüttelnd inkubiert um den Antikörper/Protein-Komplex aus der Lösung zu binden. Nach der Inkubation wurde die Agarose kurz pelletiert, dreimal mit 800 µl Ripa-Puffer gewaschen und in 60 µl 2x Proteinprobenpuffer aufgenommen. Durch eine abschließende Denaturierung für 10 min bei 40°C löste sich der Antikörper/Protein-Komplex von der Protein-A-Agarose und von einander und konnte so für weitere Analysen mittels SDS-PAGE und Western Blot verwendet werden.

2.2.3.6 RhoA-Aktivitätsnachweis

Der RhoA-Aktivitätsnachweis erfolgte mit dem *RhoA Activation Assay Kit* (Millipore, Temecula) nach Herstellerangaben. Die verwendeten Zellen wurden mit dem im Kit enthaltenen Lysepuffer aufgeschlossen. Eine folgende Inkubation mit RGB-Agarose bindet spezifisch GTP-gebundenes RhoA und präzipitiert es auf diese Weise aus dem Zelllysat. Zelllysate und GTP-RhoA-Präzipitate wurden anschließend mit Hilfe einer SDS-PAGE aufgetrennt und mittels Western Blot quantifiziert, dafür wurde jedoch nicht der im Kit

Material und Methoden

enthaltene Antikörper verwendet, sondern ein Monoklonaler Kaninchen-Anti-RhoA-Antikörper (Cell Signalling Technology).

2.2.3.7 SDS-Polyacrylamidgelelektrophorese (SDS-PAGE)

Für die Elektrophorese wurde das diskontinuierliche Tris-HCl/Tris-Glycin Puffersystem nach Laemmli verwendet [195]. Dabei führen sowohl die unterschiedliche Acrylamidkonzentration als auch die verschiedenen pH-Werte von Sammel- und Trenngel zu einer guten Auftrennung mit hoher Zonenschärfe. Die Zusammensetzung für zwei 0,75 mm dicke Gele ist im Folgenden dargestellt:

Trenngel (8 % / 12 %)		Sammelgel (5 %)	
A. dest	4,11 ml / 2,83 ml	A. dest	2,08 ml
1,5 M Tris/HCl, pH 8,8	2,34 ml	0,5 M Tris/HCl, pH 6,8	910 µl
Acrylamidlösung (30 %)	2,55 ml / 3,83 ml	Acrylamidlösung (30 %)	476 µl
Bromphenolblau (1 %, w/v)	20 µl	Bromphenolblau (1 %, w/v)	7,8 µl
TEMED	20 µl	TEMED	7,8 µl
APS (10 %, w/v)	90 µl	APS (10 %, w/v)	35 µl

Zunächst wurden die Komponenten des Trenngels gemischt und zwischen zwei Glasplatten gegossen. Um eine scharfe Gelkante zu erzeugen, wurde das Trenngel mit Ethanol überschichtet. Nach 25-minütiger Polymerisation wurde das Ethanol abgeschüttet, das Sammelgel auf das Trenngel gegossen und ein Probenkamm eingesetzt. Das Sammelgel wurde circa 20 min auspolymerisiert. Das Gel wurde anschließend in eine Elektrophoresekammer eingespannt und diese mit Elektrophoresepuffer gefüllt. Der Probenkamm wurde entfernt.

Die Proben wurden mit dem gleichen Volumen Probenpuffer + 10 % (v/v) β-Mercaptoethanol gemischt und für 10 min bei 40°C bzw. 95°C (Thermomixer 5436, Eppendorf, Hamburg) denaturiert. Anschließend erfolgte die Beladung des Gels mit Hilfe einer Hamilton-Spritze. Eine Geltasche wurde zusätzlich mit 5 µl Protein-Massenstandard *PageRuler^{TM} Plus Prestained Protein ladder* (Fermentas) befüllt, welcher vorher für 2 min bei 95°C denaturiert wurde. Die Elektrophorese erfolgte für circa 2 Stunden bei 16-20 mA. Im Anschluss folgte eine Färbung des Gels oder der Transfer der Proteine auf eine PVDF-Membran. Für den Transfer wurde das Sammelgel entfernt.

Material und Methoden

2.2.3.8 Coomassie-Färbung

Die Coomassie-Lösung färbt die Proteine im Gel irreversibel blau an. Dies dient vor allem zur Kontrolle der elektrophoretischen Auftrennung. Das Gel wurde dafür eine Stunde in Coomassie-Färbelösung schwenkend inkubiert. Anschließend erfolgte die Entfärbung des Gels um unspezifische Farbstoffbanden zu entfernen. Dies geschah über Nacht in Entfärbelösung, wobei das Gel ebenfalls schwenkend inkubiert wurde. Am nächsten Tag wurde das Gel für 15 min in frischer Entfärbelösung inkubiert.

2.2.3.9 Silbernitratfärbung

Die Silbernitratfärbung ermöglicht die unspezifische Anfärbung von Proteinen in Polyaxrylamidgelen und ist dabei sensibler als die Färbung mit Coomassie. Alle Inkubationsschritte erfolgten bei Raumtemperatur unter konstantem Schwenken.

Um die Bandenschärfe der aufgetrennten Proteine zu erhalten, wurde das Gel zunächst mindestens 1h in Fixierlösung inkubiert und anschließend dreimal 20 min mit 50%-igem Ethanol gewaschen. Nach einer vorbereitenden Inkubation in 0,02%-iger Natriumthiosulfatlösung (w/v) für 1 min und dreimaligem Waschen in 50% Methanol für 20 s wurde das Gel 20 min in Färbelösung inkubiert. Um diese zu entfernen, wurde das Gel zweimal kurz unter A. dest. abgespült. Anschließend wurde das Gel in Entwickler inkubiert, bis die gelb-braune Färbung der Proteine im Gel zu erkennen war. Das Gel wurde dann zweimal 2 min mit A. dest. gewaschen und die Färbereaktion durch Stoplösung beendet.

Fixierlösung:	Methanol	50 % (v/v)	Entwickler:	Natriumcarbonat	6 % (w/v)
	Essigsäure	12 % (v/v)		Natriumthiosulfat	0,0004 % (w/v)
	Formaldehyd	0,05 % (v/v)		Formaldehyd	0,05 % (v/v)

Färbelösung:	Silbernitrat	0,2 % (w/v)	Stoplösung:	Methanol	50 % (v/v)
	Formaldehyd	0,075 % (v/v)		Essigsäure	12 % (v/v)

2.2.3.10 Western Blot

Der Western Blot dient dem Nachweis von bestimmten Proteinen in Zelllysaten. Dabei werden die Proteine zunächst auf einem denaturierenden Polyacrylamidgel elektrophoretisch aufgetrennt. Anschließend erfolgen der Transfer der Proteine auf eine PVDF-Membran und der Nachweis der Proteine über spezifische Antikörper. Durch einen Peroxidase-gekoppelten

Sekundärantikörper können die Proteine nachgewiesen und auf einem Röntgenfilm sichtbar gemacht werden.

2.2.3.10.1 Proteintransfer

Der Transfer der Proteine erfolgt im *Wet*- bzw. Tank-Verfahren. Das SDS-Polyacrylamidgel wurde auf eine PVDF-Membran gelegt und zwischen Filterpapieren in eine Transferkassette eingebracht und in den Tank gehängt. Der Tank wurde mit Blotpuffer gefüllt. Der Transfer erfolgte bei 140 mA für 2 Stunden bei Raumtemperatur.

2.2.3.10.2 Ponceau S-Färbung

Die Färbung der Proteine mit Ponceau S (SERVA, Heidelberg) erfolgt im Anschluss an den Elektroblot und dient der Transferkontrolle. Die Ponceau S-Lösung färbt die Proteine auf der Membran rot an und hat keinen Einfluss auf die folgende Immundetektion.
Die Färbung erfolgt für 10 min in Ponceau S-Lösung. Anschließend erfolgte die Entfärbung in A. bidest. für 20 min.

2.2.3.10.3 Immunoblot

Der Immunoblot dient dem spezifischen Nachweis von Proteinen auf der Membran. Dabei bindet zunächst ein Protein-spezifischer Primärantikörper an das Protein. Im Anschluss erfolgt der Nachweis des Primärantikörpers durch einen Sekundärantikörper, der spezifisch für den konstanten (Fc-) Bereich des Primärantikörpers ist. Der Sekundärantikörper ist mit einer Meerrettichperoxidase (HRP) gekoppelt. Mit Hilfe dieses Enzyms geschieht der Nachweis des Sekundärantikörpers und damit die Lokalisation des gesuchten Proteins auf der Membran. Nach Zugabe des entsprechenden Substrats wird dieses oxidiert und es wird Energie in Form von Chemolumineszenz frei.

Alle Wasch- und Inkubationsschritte erfolgten unter leichtem Schütteln bei Raumtemperatur, wenn nicht anders angegeben. Die Membran wurde zunächst für 30 min in TBST + 5 % (w/v) BSA bzw. 2 % (w/v) Trockenmilchpulver (TM) geblockt um freie Bindungsstellen auf der Membran abzudecken. Der proteinspezifische Primärantikörper wurde in TBST+BSA/TM verdünnt. Die Inkubation der Membran mit der Antikörperlösung erfolgte bei 4°C über Nacht. Am nächsten Tag wurde die Lösung abgegossen und die Membran dreimal 5 min mit TBST gewaschen. Der entsprechende HRP-gekoppelte Sekundärantikörper wurde in TBST + TM verdünnt und die Membran für eine Stunde mit der Lösung inkubiert. Die Antikörperlösung

Material und Methoden

wurde abgegossen und die Membran dreimal 5 min mit TBST gewaschen. Anschließend erfolgte die Inkubation mit dem Peroxidase-Substrat *Immobilon Western Chemiluminescent HRP Substrate* (Millipore) nach Herstellerangaben. Die Detektion erfolgte mit dem Chemilumineszenzdetektor LAS3000.

2.2.3.11 Durchflusszytometrie (FACS-Analyse)

Zur Identifizierung positiver transfizierter Zellen wurde eine FACS-Analyse mit dem *FACSCalibur-Analyse-Gerät* (Becton Dickinson, Heidelberg) durchgeführt. Dafür wurden die zu analysierenden Zellen in FACS-Analyse-Röhrchen überführt und für 5 Minuten bei 1700 rpm (*Centrifuge 5415C*; Eppendorf) zentrifugiert. Das Zellpellet wurde zweimal mit 1 ml sterilfiltriertem PBS gewaschen und anschließend in 500 µl sterilfiltriertem PBS resuspendiert. Die Messung im *FACSCalibur* erfolgte bis zur Akkumulation von 30.000 Zellen.

Bei der Auswertung wurden nur die lebenden Zellen betrachtet. Dafür wurde die Population der toten Zellen zunächst mittels Propidiumiodid-Färbung bestimmt. Für die Färbung wurden die Zellen wie oben beschrieben vorbereitet, abschließend in 400 µl PBS aufgenommen und 100 µl Propidiumiodid-Lösung (100 µg/ml) zugegeben. Die Proben wurden 10 min im Dunkeln inkubiert und direkt gemessen.

Für die Auswertung wurde auf die Population der lebenden Zellen ein *gate* gelegt und die Fluoreszenz der Negativkontrolle auf 1 % eingestellt.

Die statistische Analyse erfolgte mit Hilfe des Programms SigmaPlot (Sysstat Software Inc., San Jose). Zunächst wurden die Werte einer Messreihe normalisiert und es wurden Mittelwert und Standardabweichung bestimmt. Die Berechnung der Signifikanz erfolgte unter Verwendung eines ungepaarten t-Tests.

2.2.3.12 Immunfluoreszenztest

Der Immunfluoreszenztest dient dem fluoreszenzmikroskopischen Nachweis endogener Proteine innerhalb von Zellen. Die zu untersuchenden Zellen wurden dafür auf Deckgläschen *(cover slips* Ø 13 mm, VWR international*)* ausgesät, transfiziert und 24 h im Brutschrank inkubiert. Danach wurden die Zellen mit PBS gewaschen und 15 min bei 37°C mit 4 % (w/v) Paraformaldehyd in PBS fixiert. Die Paraformaldehylösung wurde dreimal mit PBS abgewaschen. Anschließend wurden die Zellen durch Inkubation mit 0,1 % (v/v) Triton-X in PBS für 15 min bei Raumtemperatur permeabilisiert. Es folgten drei Waschschritte mit PBS. Die folgenden Inkubationsschritte erfolgten, wenn nicht anders angegeben, bei Raumtemperatur und unter leichtem Schütteln. Zunächst wurden unspezifische Bindungsstellen durch Inkubation mit PBS + 3 % (w/v) BSA für 30 min blockiert. Anschließend wurde der Antigen-spezifische Primärantikörper nach Herstellerangaben in PBS + 3 % (w/v) BSA verdünnt und zu den Zellen gegeben. Diese wurden mit der Lösung für eine Stunde bei Raumtemperatur oder über Nacht bei 4°C inkubiert. Überschüssiger Antikörper wurde anschließend durch dreimaliges Waschen für 5 min mit PBS entfernt. Der spezifische fluoreszenzmarkierte Sekundär-antikörper wurde nach Herstellerangaben in PBS + 3 % (w/v) BSA verdünnt. Die Zellen wurden lichtgeschützt für eine Stunde mit der Lösung inkubiert und anschließend dreimal 5 min mit PBS gewaschen. Nach Abschluss des Immunfluorenztests wurden die Zellen in *ProLong Gold antifade reagent* (Invitrogen, Eugene) auf einen Objektträger überführt und fluoreszenzmikroskopisch analysiert.

Für den Nachweis von Proteinen mit geringem Expressionslevel wurde ein abgewandeltes Protokoll verwendet. Zwischen Primär- und Sekundärantikörper wurde ein zusätzlicher dritter Antikörper verwendet um die Sensitivität des Nachwies zu erhöhen. Der Antikörper (ein Peroxidase-gekoppelter Spezies-spezifischer Sekundärantikörper) wurde entsprechend den Herstellerangaben in PBS + 3 % (w/v) BSA verdünnt. Die Zellen wurden 1 h mit der Lösung inkubiert und anschließend dreimal 5 min mit PBS gewaschen. Darauf folgte, wie oben beschrieben, die Inkubation mit dem fluoreszenz-markierten Antikörper.

3. Ergebnisse

In dieser Arbeit wurde der BDLF2/BMRF2-Komplex des Epstein-Barr Virus charakterisiert. Die Regulation der BDLF2-Expression durch virale Transkriptionsfaktoren, posttranslationale Modifikationen von BDLF2 und BMRF2 und die Interaktion der Proteine im Komplex wurden untersucht. Desweiteren wurde der Einfluss des Proteinkomplexes auf zelluläre Signalwege analysiert und es sollte die Frage beantwortet werden, welchen Einfluss die Proteine für den Lebenszyklus des Epstein-Barr Virus besitzen.

3.1 Untersuchung des BDLF2-Promotors

Die Expression von BDLF2 kann circa 8 Stunden nach Infektion mit dem Epstein-Barr Virus nachgewiesen werden. Daher muss ein Transkriptionsregulator vorhanden sein, der die Expression nach 8 Stunden aktiviert oder in den ersten 8 Stunden inhibiert. Potentielle Kandidaten für die Regulation der Transkription von BDLF2 sind die Produkte der viralen *immediate early* Gene BZLF1 und BRLF1, Zta und Rta, die als Transkriptionsfaktoren fungieren.

Der BDLF2-Promotor sollte in einer transkriptionellen Fusion mit einem Reportergen in Mammalia-Zellen untersucht werden. Durch Kotransfektionen des BDLF2-Promotor/Reportergen-Vektors mit Expressionsvektoren für Zta oder/und Rta sollte die Interaktion zwischen den Proteinen und dem Promotor charakterisiert werden.

3.1.1 Einfluss von Zta und Rta auf BDLF2-Promotor-Fragmente

Es wurden verschiedene Reportergenkonstrukte mit dem BDLF2-Promotor erzeugt, um den Einfluss von Zta und Rta und mögliche Bindestellen der Proteine innerhalb des Promotors zu identifizieren. Dazu wurden die Bereiche 50 bp, 200 bp, 400 bp, 600 bp stromaufwärts des ATG sowie der vollständige putative Promotorbereich (~1200 bp vor dem ATG) des BDLF2-Gens mittels PCR amplifiziert. Die verwendeten Primer (BDLF2-Promotor 5' Volllänge, BDLF2-Promotor 5' 600bp, BDLF2-Promotor 5' 400bp, BDLF2-Promotor 5' 200bp, BDLF2-Promotor 5' 50bp und BDLF2-Promotor 3' vor ATG; s. Kapitel 2.1.5) enthalten aufgrund der Klonierungsstrategie zusätzliche Schnittstellen für *Ase*I an den 5'-Primern und *Nhe*I am 3'-Primer. Die Amplifikate wurden entsprechend restringiert und die entstandenen Fragmente mit dem 4149 bp *Ase*I/*Nhe*I-Fragment von pEGFP-N1 ligiert. Die Klonierungsprodukte wurden als pEGFP-BDLF2-Prom-Volllänge, pEGFP-BDLF2-Prom600, pEGFP-BDLF2-Prom400, pEGFP-BDLF2-Prom200 und pEGFP-BDLF2-Prom50

Ergebnisse

bezeichnet. Abbildung 20 zeigt die erzeugten Reportergen-Konstrukte (die entsprechenden Vektorkarten befinden sich im Anhang; Abbildung A 1).

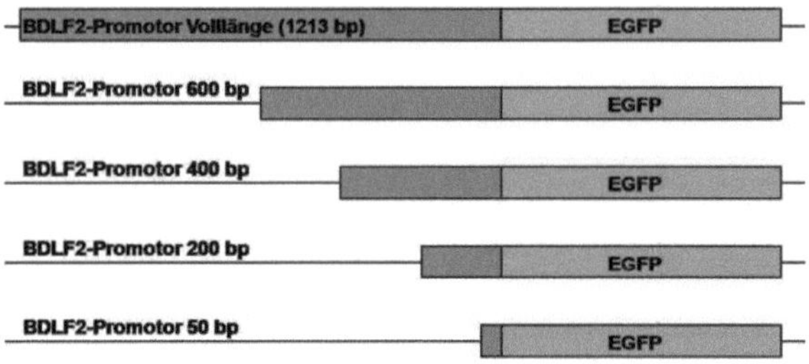

[Schematische Darstellung der Reportergen-Konstrukte:
- BDLF2-Promotor Volllänge (1213 bp) — EGFP
- BDLF2-Promotor 600 bp — EGFP
- BDLF2-Promotor 400 bp — EGFP
- BDLF2-Promotor 200 bp — EGFP
- BDLF2-Promotor 50 bp — EGFP]

Abbildung 20: Reportergen-Konstrukte der BDLF2-Promotorfragmente. Unterschiedlich lange Bereiche des BDLF2-Promotors (grau) wurden in Fusion zum Offenen Leserahmen für EGFP (grün) unter Verwendung verschiedener Primer-Paare (2.1.5) kloniert.

Die Vektoren wurden anschließend verwendet um den Einfluss von Zta und Rta auf die verschiedenen Promotorbereiche zu untersuchen. Dafür wurden BJAB-Zellen mit den Reportergenvektoren, sowie zusätzlich mit pCMVZ, einem Expressionsvektor für Zta, oder pcDNA-BRLF1, einem Expressionsvektor für Rta, oder beiden Vektoren (ko-)transfiziert. Einen Tag nach Transfektion wurden die Zellen mittels FACS-Analyse untersucht und die Expressionswerte auf die Expression des Promotorfragments allein normalisiert. Abbildung 21 zeigt beispielhaft diese normalisierten Expressionswerte des Volllängen-Promotors und des 600bp-Promotorfragments.

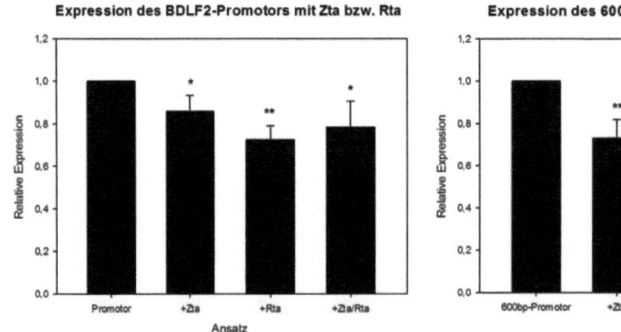

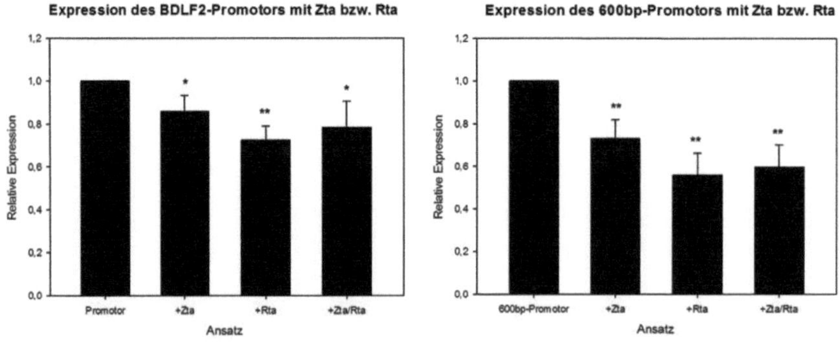

Abbildung 21: Einfluss von Zta und Rta auf Expression von BDLF2-Promotor-Fragmenten. Das BDLF2-Volllängen-Promotor-Fragment bzw. das 600bp-Promotor-Fragment wurden allein und mit Zta- oder/und Rta-Expressionsvektoren in BJAB-Zellen transfiziert (2.2.1.5). Die Expression wurde nach 24 h mittels FACS-Analyse bestimmt (2.2.3.11). Die Werte der Zta/Rta-Kotransfektionsansätze wurden jeweils auf die Werte des Promotors allein normalisiert.* $p < 0,05$; ** $p < 0,01$; n = 3

Wie Abbildung 21 zeigt wirken Zta und Rta reprimierend auf die meisten Promotorfragmente, wobei kein kumulativer Effekt beider Proteine zu beobachten ist. Die Expression des Volllängen-Promotors geht durch Zta um 15 % zurück, durch Rta sogar um 28 %. Wirken beide Proteine auf den Promotor, kann man nur eine 22 %-ige Repression beobachten. Die Expression des 600 bp-langen Promotorfragments wird durch Zta und Rta mit gleicher Tendenz, jedoch stärker beeinflusst. Es ist eine Repression von 27 % durch Zta, 45 % durch Rta und 41 % durch beide Proteine zu beobachten. Die Expression des 400 bp-Promotorfragments wird weder durch Zta noch durch Rta signifikant beeinflusst (Abbildung A 2). Für Rta konnte jedoch ein inhibitorischer Trend beobachtet werden. Der 200 bp-lange Promotorbereich zeigte eine signifikante Reduktion der Expression bei Inkubation mit Rta bzw. Zta/Rta von 32 % bzw. 34 %. Das 50 bp-Fragment ist das einzige, bei dem ein aktivierender Effekt durch einen der viralen Transkriptionsfaktoren zu beobachten ist. Zta erhöht die Promotoraktivität um 16 % ($p = 0,067$). Rta wirkt weiterhin negativ regulatorisch und verringert die Expression signifikant um 23 %. Die Koexpression beider Proteine bewirkt keine signifikante Änderung der Aktivität des 50bp-Promotors.

Zusammenfassend zeigte sich, dass die viralen Transkriptionsfaktoren die Expression des BDLF2-Promotors negativ regulieren.

3.1.2 Identifizierung der Zta- und Rta-Bindungsstellen innerhalb des BDLF2-Promotors

Auch das kürzeste untersuchte Promotorfragment war noch durch die Proteine Zta und Rta regulierbar. Um die entsprechenden Bereiche zu lokalisieren wurden Mutationen in den Promotorbereich des Vektors pEGFP-BDLF2-Prom50 eingefügt. Dafür wurden mittels zielgerichteter Mutagenese die Bereiche 20-30 bp, 30-40 bp und 40-50 bp stromaufwärts des ATG durch die Sequenz 5'-CGCGGCCGCC-3' ersetzt. Die eingefügte Sequenz enthält eine *Not*I Restriktionsschnitt-stelle, wodurch die Mutation einfach zu identifizieren ist. Für die Mutagenese wurden die Oligonukleotide Prom-Mut-50-40-SE und -AS, Prom-Mut-40-30-SE und -AS bzw. Prom-Mut-30-20-SE und -AS verwendet. In Abbildung 22 sind die Promotorsequenzen des Wildtyps und der Mutanten gezeigt. Die so mutierten Reportergenvektoren wurden wie in Kapitel 3.1.1 beschrieben für Expressionanalysen genutzt. BJAB-Zellen wurden mit den entsprechenden Vektoren sowie mit Expressionsvektoren für Zta und Rta (ko-)transfiziert.

Ergebnisse

BDLF2-Prom50:
ACTCTCAAGA GACCCTGACG GCCACTTGCT GGTTAAGATA AAGGGGGTACC

BDLF2-Prom50 Mut50-40:
CGCGGCCGCC GACCCTGACG GCCACTTGCT GGTTAAGATA AAGGGGGTACC

BDLF2-Prom50 Mut40-30:
ACTCTCAAGA CGCGGCCGCC GCCACTTGCT GGTTAAGATA AAGGGGGTACC

BDLF2-Prom50 Mut30-20:
ACTCTCAAGA GACCCTGACG CGCGGCCGCC GGTTAAGATA AAGGGGGTACC

Abbildung 22: Sequenzen der mutierten 50bp-Promotorfragmente. Im Plasmid pEGFP-BDLF2-Prom50 wurden jeweils 10 bp mittels zielgerichteter Mutagenese ausgetauscht (2.2.2.19). Gezeigt sind die Wildtyp-Sequenz und die Sequenzen der mutierten Bereiche, die eingefügte Veränderung ist eingerahmt.

Die mittels FACS-Analyse erhaltenen Werte wurden auf die Expression des Wildtyppromotor-Fragments normalisiert (Abbildung 23). Dabei ergab sich eine signifikante Erhöhung der Grundaktivität des 50bp-Promotorfragments durch Mutation der Bereiche 40-50bp und 30-40bp vor dem ATG um 45 % bzw. 134 %. Durch Mutation des Bereichs 20-30 bp vor dem ATG stieg die Aktivität im Mittel um circa 50 % an (p = 0,084). Die Koexpression der Reportergen-Konstrukte mit Zta oder/und Rta ergab keine signifikanten Unterschiede zur singulären Expression der mutierten 50bp-Promotor-Fragmente (Abbildung 23). Zta und Rta haben demnach Bindestellen innerhalb des 50bp-Promotor-Bereichs, da Mutationen einzelner Bereiche dieses Fragments, die negativen Effekte der Zta/Rta-Expression vermindert.

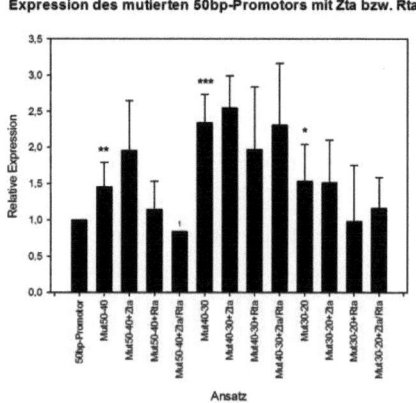

Abbildung 23: Einfluss von Zta und Rta auf Expression der mutierten 50bp-Promotor-Bereiche. Die mutierten 50bp-Promotor-Fragmente wurden allein und mit Zta- oder/und Rta-Expressionsvektoren in BJAB-Zellen transfiziert (2.2.1.5). Die Expression wurde nach 24 h mittels FACS-Analyse bestimmt (2.2.3.11). Die

Werte der mutierten 50bp-Transfektionsansätze wurden auf die Werte des Wildtyp-50bp-Promotors normalisiert.* p < 0,084;   **p < 0,05; ***p < 0,001; [1] n = 1

3.2 Eigenschaften des BDLF2/BMRF2-Komplexes

Es ist bekannt, dass BDLF2 und BMRF2 Glykoproteine sind, die einen Proteinkomplex bilden. Der Glykosylierungsstatus und die Komplexbildung wurden bisher allerdings nur oberflächlich untersucht.

3.2.1 Posttranslationale Modifikationen von BDLF2 und BMRF2

Posttranslationale Veränderungen beeinflussen maßgeblich Struktur, Eigenschaften und Aktivität eines Proteins. Zu ihnen zählen z. B. die Ausbildung von Disulfidbrücken oder die Bindung von funktionellen Gruppen bzw. Zuckerresten. Die Phosphorylierung von bestimmten Aminosäuren innerhalb des Proteins bestimmt meist dessen Aktivitätszustand. Für BDLF2 konnte bereits gezeigt werden, dass es *N*-verknüpfte Glykosylierungen trägt. Diese sollten zunächst näher charakterisiert werden. Dazu wurden BJAB- und HEK293-Zellen mit Expressionsvektoren für EGFP-BDLF2 allein oder zusammen mit mCherry-BMRF2 (ko-)transfiziert. Nach 24 h wurden die Proteine isoliert und mit Glykosidasen behandelt. Dazu wurden die Enzyme PNGaseF und α1-2,3-Mannosidase verwendet. PNGaseF ist eine Endoglykosidase, die Zuckerreste zwischen dem ersten *N*-Acetylglucosamin und dem Asparagin, an das sie gebunden sind, abspaltet. Die Exoglykosidase α1-2,3-Mannosidase spaltet α1-2- und α1-3-verbundene D-mannopyranosyl-Reste vom Ende her ab. Nach der Glykosidase-Behandlung wurden die Proteine mittels Western Blot aufgetrennt und nachgewiesen. Die molekularen Massen von BDLF2 und BMRF2 werden anhand ihrer Aminosäuresequenz auf 46 kD bzw. 39 kD vorhergesagt, was posttranslationale Modifikationen nicht einschließt. In Abbildung 24 ist allerdings zu erkennen, dass BDLF2 im Western Blot zwei spezifische Banden zeigt. Das kleinere Fragment ist resistent gegen die Glykosidase-Behandlung. Das größere Volllängen-Fragment zeigt hingegen ein verändertes Laufverhalten nach Abspaltung der Zuckerreste durch PNGaseF oder α1-2,3-Mannosidase. Die Abspaltung der gesamten Zuckermoleküle durch PNGaseF (Abbildung 24 A) bewirkt, dass das Protein eine kleinere Molekulare Masse besitzt und somit deutlich schneller durch das Gel läuft. Dieser Effekt ist nach Inkubation mit α1-2,3-Mannosidase stark abgeschwächt (Abbildung 24 B), trotzdem kann man eine leichte Abwärtsverschiebung der BDLF2-Bande im Western Blot beobachten.

Ergebnisse

Gore *et al.* konnten einen Einfluss von BMRF2 auf das Glykosylierungsmuster von BDLF2 beobachten [63]. Das kann in dieser Arbeit nicht bestätigt werden. In den Ansätzen mit BMRF2 sind die gleichen BDLF2-Fragmente zu sehen wie in den Ansätzen ohne BMRF2. Anzahl und Größe verändern sich nicht. Es konnte jedoch festgestellt werden, dass in Zellen, in denen BMRF2 kotransfiziert wurde, weniger von dem kleinen Fragment gebildet wird als von dem Volllängen-BDLF2. Die Expression von BDLF2 allein führt häufiger zur Spaltung des Proteins, sodass mindestens gleiche Mengen gespaltenes und ungespaltenes Protein vorkommen, meist sogar mehr Spaltprodukt als Volllängenprotein.

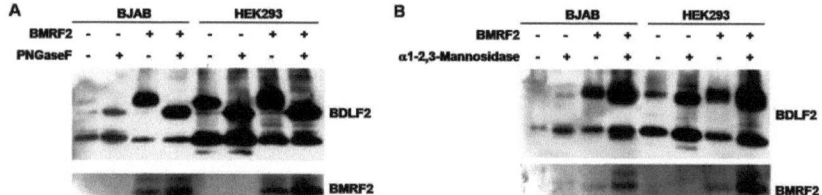

Abbildung 24: Nachweis der Glykosylierung von BDLF2. BJAB- und HEK293-Zellen, die EGFP-BDLF2 allein oder zusammen mit mCherry-BMRF2 exprimieren, wurden 24 h nach der Transfektion lysiert (2.2.1.5; 2.2.3.1). Nach Behandlung der Zelllysate mit PNGaseF (A) oder α1-2,3-Mannosidase (B) zur Deglykosylierung (2.2.3.3) erfolgte der Nachweis von BDLF2 und BMRF2 im Western Blot mittels GFP-/DsRed-Antikörper (2.2.3.10).

Abbildung 24 zeigt auch, dass es keine Unterschiede der Glykosylierung von BDLF2 in verschiedenen Zelltypen gibt. Das Laufverhalten nach Deglykosylierung ändert sich in BJAB-Zellen und HEK293-Epithelzellen gleichermaßen.

Für BMRF2 konnten keine *N*-verbundenen Glykosylierungen nachgewiesen werden (Abbildung 24, untere Reihe).

Die Proteine BDLF2 und BMRF2 wurden auf Phosphorylierung untersucht. Durch Phosphorylierung der Aminosäuren Serin, Threonin oder Tyrosin kann der Aktivitätszustand verschiedener Proteine geregelt werden. Bioinformatische Vorhersagen zeigten sowohl innerhalb der BDLF2-Proteinsequenz als auch für BMRF2 Aminosäurereste, die phosphoryliert werden könnten. Um diese Vorhersagen zu prüfen, wurden HEK293-Zellen mit Expressionsvektoren für EGFP-BDLF2, EGFP-BMRF2 oder EGFP-BDLF2 und mCherry-BMRF2 (bzw. mCherry-BDLF2 und EGFP-BMRF2) (ko-)transfiziert. 24 h nach der Transfektion erfolgte die Zelllyse und eine Immunpräzipitation mit einem anti-GFP-Antikörper, wodurch die Proteine aus dem Zelllysat aufgereinigt wurden. Die so erhaltenen

Ergebnisse

Isolate wurden mittels Western Blot auf das Vorhandensein von phosphorylierten Serin-, Threonin- oder Tyrosinresten überprüft.

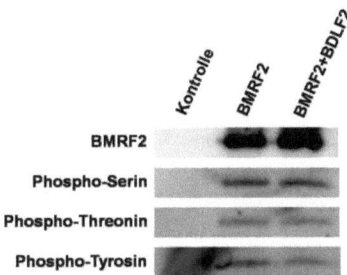

Abbildung 25: Nachweis der Phosphorylierung von BMRF2. HEK293-Zellen wurden mit einem EGFP-BMRF2-Expressionsplasmid transfiziert (allein oder zusammen mit mCherry-BMRF2; 2.2.1.5). Nach 24 h folgten die Zelllyse und die Immunpräzipitation mit einem GFP-Antikörper (2.2.3.1; 2.2.3.5). In den erhaltenen Präzipitaten wurden mittels Western Blot vorhandene Serin-, Threonin- oder Tyrosin-Phosphorylierungen unter Verwendung spezifischer Antikörper nachgewiesen (2.2.3.10). Zur Bestimmung der richtigen Größe wurde BMRF2 mittels GFP-Antikörper detektiert.

Eine Phosphorylierung von BDLF2 konnte für keine der möglichen Aminosäuren bestätigt werden (nicht gezeigt). BMRF2 hingegen ist ein Phosphoprotein (Abbildung 25). Es wird sowohl an Serin-Resten als auch an Threonin- und Tyrosin-Resten phosphoryliert. Dabei hat die Koexpression von BDLF2 keinen Einfluss auf den Phosphorylierungsstatus von BMRF2. In beiden Ansätzen zeigen alle drei Aminosäuren Phosphorylierung und die Stärke des Signals ändert sich nicht in Abhängigkeit von der BDLF2-Expression.

Zusammenfassend zeigte sich, dass BDLF2 und BMRF2 posttranslational modifiziert werden. Beide Proteine werden glykosyliert. BMRF2 wird zusätzlich phosphoryliert. Eine Abhängigkeit dieser Modifikationen von der Expression des jeweils anderen Proteins wurde nicht beobachtet.

3.2.2 Untersuchung des Komplexes aus BDLF2 und BMRF2

Fluoreszenzmikroskopische Untersuchungen zeigten, dass BDLF2 und BMRF2 an der Zytoplasmamembran einen Proteinkomplex bilden und dass beide Proteine für den Transport zur Zellmembran benötigt werden [63, 165]. Diese Beobachtung sollte durch einen objektiveren Test bestätigt werden. Dazu wurde die Methode der Oberflächen-Biotinylierung ausgewählt. Dabei wird Sulfo-NHS-Biotin (*N*-Hydroxy-sulfosuccinimid-Ester von Biotin) auf intakte Zellen aufgebracht, wo es mit den Aminogruppen der Oberflächenproteine reagiert und diese so mit Biotin markiert. Durch anschließende Zelllyse und Aufreinigung mit Hilfe einer Biotin-bindenden Matrix werden selektiv die

Ergebnisse

Oberflächenproteine isoliert. Abbildung 26 zeigt den Nachweis von BDLF2 und BMRF2 aus Zelllysaten und Eluaten nach Biotin-Aufreinigung transfizierter Zellen. Zur Analyse der Abhängigkeit der Proteine von einander wurden HEK293-Zellen mit Expressionsvektoren für mCherry-BDLF2 und/oder EGFP-BMRF2 transfiziert und nach 24 h für die Oberflächen-Biotinylierung verwendet. Als Kontrolle wurden Zellen verwendet, die mit pEGFP-N1 transfiziert wurden. Alle Proteine konnten in den Zelllysaten nachgewiesen werden (Abbildung 26).

Die Kontrolle zeigt die Spezifität dieser Methode. Das zytoplasmatische Protein EGFP gelangt trotz starker Expression nicht an die Zelloberfläche und kann demnach nicht in den Eluaten der Biotin-Aufreinigung nachgewiesen werden (Abbildung 26 B). BDLF2 und BMRF2 hingegen konnten sowohl nach singulärer als auch nach Kotransfektion an der Membran nachgewiesen werden (Abbildung 26 A, Eluate). Allerdings ist der Anteil an BDLF2-Protein, der bei Einzel-Expression die Zellmembran erreicht deutlich geringer als bei Koexpression mit BMRF2. Die Translokation von BMRF2 an die Zellmembran ist fast unabhängig von BDLF2. Die Menge membranständigen BMRF2s ist mit BDLF2-Koexpression nur wenig größer als ohne.

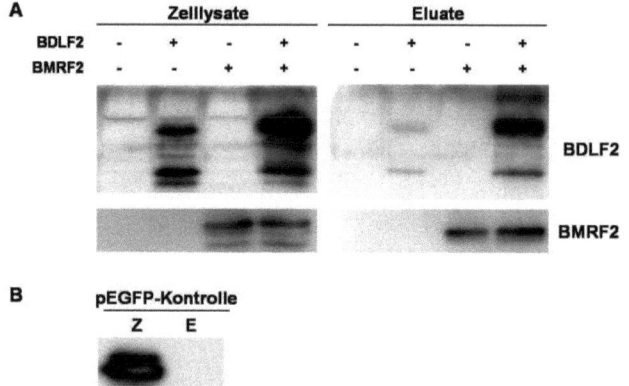

Abbildung 26: Nachweis von BDLF2 und BMRF2 an der Zellmembran. HEK293-Zellen wurden mit Expressionsvektoren für mCherry-BDLF2 und/oder EGFP-BMRF2 (ko-)transfiziert (A) oder mit einem EGFP-Leervektor (B) (2.2.1.5). Nach 24 h wurden Oberflächenproteine Biotin-markiert und über Streptavidin-Agarose aufgereinigt (2.2.3.4). Der Nachweis von BDLF2, BMRF2 und EGFP aus Zelllysaten (Z) und Eluaten (E) erfolgte mittels Western Blot und Antikörpern gegen GFP bzw. DsRed (2.2.3.10).

Erneut wurde beobachtet, dass BDLF2 in BMRF2 koexprimierenden Zellen weniger stark gespalten wurde als in nur BDLF2-exprimierenden Zellen (siehe auch 3.2.1). Das Verhältnis

Ergebnisse

von Volllängenprotein zu kurzem Fragment nimmt an der Oberfläche weiter zu. Es ist kaum noch Spaltprodukt in den Eluaten nachweisbar, obwohl die detektierte Bande des BDLF2-Volllängenproteins sehr stark ist.

3.3 Identifizierung funktionaler Domänen der BDLF2- und BMRF2-Proteine

Zur näheren Charakterisierung des BDLF2-Proteins sollten die Bereiche identifiziert werden, die zusammen mit BMRF2 zur Induktion der morphologischen Veränderungen in den exprimierenden Zellen führen. Um die verantwortlichen Aminosäuren zu bestimmen, wurden verschiedene Strategien verfolgt. Einerseits wurde eine Reihe von Verkürzungsmutanten erzeugt, die einen großen Teil des N-Terminus abdecken, andererseits wurden einzelne Bereiche des BDLF2-Proteins gezielt an der Zellmembran exprimiert. Nach Koexpression mit BMRF2 erfolgte in beiden Fälle die Untersuchung der Zellmorphologie auf Veränderungen durch den BDLF2/BMRF2-Komplex. Auch BMRF2 wurde mit Hilfe der zielgerichteten Membranexpression auf das Vorhandensein funktionaler Domänen untersucht.

3.3.1 N-terminale Deletion des BDLF2-Proteins

BDLF2 und BMRF2 rufen bei Koexpression morphologische Veränderungen der exprimierenden Zellen hervor. Die Proteindomäne des BDLF2-Proteins, die an der Induktion dieses Phänotyps beteiligt ist, sollte identifiziert werden. Dazu wurden in Vorarbeiten am Lehr- und Forschungsinstitut für Virologie bereits verschiedene N- und C-terminale Verkürzungen hergestellt und auf ihre Fähigkeit zur Morphologieänderung untersucht (Lösing, persönliche Mitteilung). Dabei konnte beobachtet werden, dass eine BDLF2-Verkürzung, die in den Aminosäuren 1-63 deletiert ist, den Phänotyp noch ausbildet, eine Verkürzung, der die Aminosäuren 1-120 fehlen, hingegen nicht. Um den Bereich näher einzugrenzen wurden zunächst weitere Verkürzungen im Abstand von zehn Aminosäuren zwischen Position 64 und 121 erzeugt. Dazu wurden die entsprechenden Bereiche des BDLF2-Gens mittels PCR amplifiziert. Die verwendeten Primer (BDLF2-75-420-5' BamHI, BDLF2-83-420-5'-BamHI, BDLF2-93-420-5'-BamHI, BDLF2-102-420-5'-BamHI, BDLF2-111-420-5'-BamHI und BDLF2-75-420-3' MluI) enthielten zusätzlich die Sequenzen für die Restriktionsenzyme *Bam*HI an den 5'-Primern und *Mlu*I am 3'-Primer. Die Amplifikate wurden anschließend mit *Bam*HI und *Mlu*I restringiert und in das 4471 bp *Bam*HI/*Mlu*I-Fragment von pmCherry-C1 eingefügt. Die so konstruierten Vektoren wurden

Ergebnisse

pmCherry-BDLF2-75-420, pmCherry-BDLF2-83-420, pmCherry-BDLF2-93-420, pmCherry-BDLF2-102-420 und pmCherry-BDLF2-111-420 genannt (Abbildung A 3 zeigt die entsprechenden Vektorkarten).

Zur Untersuchung der Funktionalität der BDLF2-Verkürzungen in Bezug auf die Ausbildung des Phänotyps wurden die Vektoren in HEK293-Zellen transfiziert. Keine der Verkürzungen konnte einzeln exprimiert den Phänotyp induzieren (nicht gezeigt).

Das Volllängen-BDLF2-Protein führt nur zusammen mit BMRF2 zum beschriebenen Phänotyp. Aus diesem Grund wurden die BDLF2-Verkürzungen zusammen mit einem Expressionsvektor für EGFP-BMRF2 in HEK293-Zellen kotransfiziert und auf die Ausbildung des Phänotyps hin untersucht. Als Kontrollen wurden die Vektoren pmCherry-BDLF2 (vollständiges BDLF2-Protein), pmCherry-BDLF2-64-420 und pmCherry-BDLF2-121-420 ebenfalls mit pEGFP-C2-BMRF2 kotransfiziert und nach 24 h analysiert. In Abbildung 27 sind die Auswirkungen der Koexpression der einzelnen BDLF2-Verkürzungen (rot) und BMRF2 (grün) auf die Zellmorphologie zu sehen.

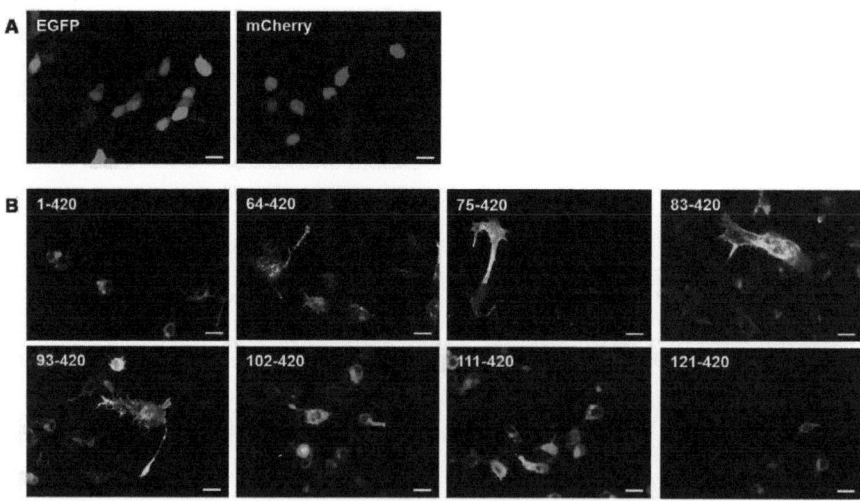

Abbildung 27: Koexpression von aminoterminal verkürztem BDLF2 (rot) mit BMRF2 (grün) in HEK293-Zellen. A) HEK293-Zellen wurden mit den Leervektoren für EGFP und mCherry transfiziert (2.2.1.5). B) Transfektion von Expressionsvektoren für mCherry-Fusionsproteine mit N-terminalen Deletionen des BDLF2 und EGFP-BMRF2. Angegeben sind die exprimierten Aminosäuren des BDLF2, 1-420 entspricht dem Volllängen-Protein. Gezeigt sind die Überlagerungen des roten BDLF2- und grünen BMRF2-Signals. Die Aufnahme erfolgte 24 h nach Transfektion mit Hilfe des *Opera*-Systems (2.2.1.6), der Maßstabsbalken zeigt 20 µm an.

Ergebnisse

Zellen, die mit den Leervektoren pEGFP-N1 bzw. pmCherry-C1 transfiziert wurden, zeigen eine kompakte Morphologie ohne Zellausläufer (Abbildung 27 A). Die Expression des BDLF2-Volllängen-Proteins (Abbildung 27 B, 1-420), sowie der Verkürzung 64-420 führten, wie erwartet, zur Ausbildung langer teilweise verzweigter Ausläufer. Dieser Phänotyp wurde auch nach Transfektion der Konstrukte pmCherry-BDLF2-75-420, -83-420 und 93-420 beobachtet. Die Expression der Verkürzungen BDLF2-102-420 und -111-420 führten zu einem intermediären Phänotyp. Bei einigen Experimenten konnten Ausläufer beobachtet werden, bei anderen wiederum nicht. Wobei BDLF2-102-420 häufiger zu einem Phänotyp führte als 111-420. Die Verkürzung pmCherry-BDLF2-121-420 zeigte in keinem Fall morphologische Veränderungen, wie bereits in Vorexperimenten festgestellt wurde. Die Zellen zeigten in diesem Fall die gleiche kompakte Morphologie wie nach Transfektion mit pEGFP-N1 bzw. pmCherry-C1.

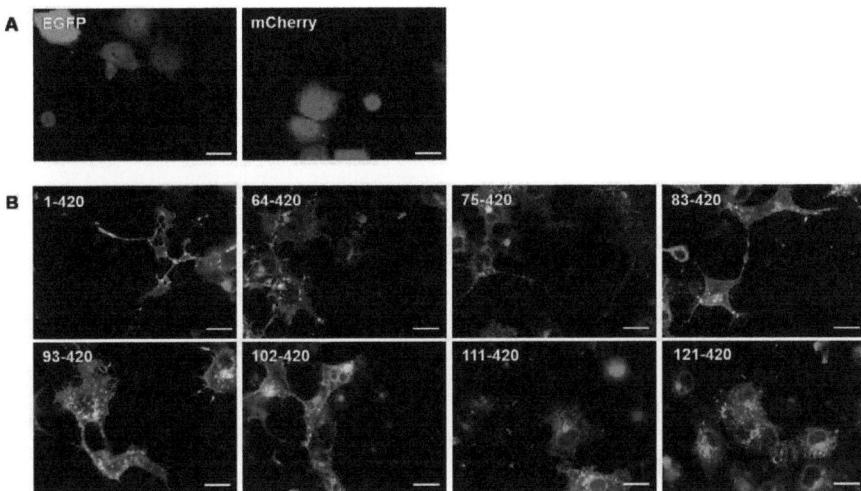

Abbildung 28: Expression von N-terminalen BDLF2-Verkürzungen in Cos-7-Zellen. A) Cos-7-Zellen wurden mit den Leervektoren für EGFP und mCherry transfiziert (2.2.1.5). B) Transfektion von Expressionsvektoren für mCherry-Fusionsproteine mit N-terminalen Deletionen des BDLF2 und EGFP-BMRF2. Angegeben sind die exprimierten Aminosäuren des BDLF2, 1-420 entspricht dem Volllängen-Protein. Gezeigt sind die Überlagerungen des roten BDLF2- und grünen BMRF2-Signals. Die Aufnahme erfolgte 24 h nach Transfektion mit Hilfe des *Opera*-Systems (2.2.1.6), der Maßstabsbalken zeigt 20 µm an.

Die erbrachten Ergebnisse wurden anschließend in einer weiteren Epithelzelllinie bestätigt, um einen möglichen Zelllinien-Effekt auszuschließen. Dafür wurden Cos-7-Zellen mit den Expressionsvektoren für die N-terminalen BDLF2-Verkürzungen und EGFP-BMRF2 kotransfiziert. Ihre Morphologie wurde nach 24 h fluoreszenzmikroskopisch untersucht

Ergebnisse

(Abbildung 28). Auch hier zeigten die Zellen, die mit den Kontrollvektoren für EGFP und mCherry transfiziert wurden einen kompakten Phänotyp. Die Zellen waren verhältnismäßig rund und zeigten nur in Einzelfällen kurze unverzweigte Ausläufer (Abbildung 28 A). Die Expression des Volllängen-BDLF2 (1-420) und der Verkürzungen 64-420, 75-420, 83-420, 93-420 und 102-420 führten zur Ausbildung von langen, mehrfach verzweigten Zellausläufern. Die Zellen wirkten teilweise schmaler. Die Expression von BDLF2-111-420 erzeugte erneut einen intermediären Phänotyp (Abbildung 28 B). Die Zellen waren nicht rund wie die Kontrollzellen (Abbildung 28 A), sondern von eher strukturierter Form, aber nicht so schmal, wie bei Zellen mit untersuchtem Phänotyp. Die vorhandenen Zellausläufer waren klein und unverzweigt, jedoch deutlich häufiger vorhanden als bei Kontrollzellen. Zellen, die BDLF2-121-420 exprimierten zeigten erwartungsgemäß eine Morphologie, die der Kontrolle mit den Leervektoren entsprach.

Sowohl in HEK293- als auch in Cos-7-Zellen kolokalisieren alle erzeugten N-terminalen Verkürzungen des mCherry-BDLF2-Fusionsproteins mit EGFP-BMRF2 (Abbildung 27 B und Abbildung 28 B). Trotzdem kann nicht ausgeschlossen werden, dass durch Deletion des N-Terminus die Fähigkeit mit BMRF2 zu interagieren verloren gegangen ist. Um diese Möglichkeit zu prüfen, wurden HEK293-Zellen mit den Expressionsvektoren für mCherry-BDLF2-102-420, -111-420, -121-420 und einer weiteren Verkürzung BDLF2-130-420, jeweils zusammen mit EGFP-BMRF2, kotransfiziert. Nach 24 h wurden die Zellen lysiert und es erfolgte eine Ko-Immunpräzipitation. Für diese wurden zum einen ein Anti-DsRed-Antikörper gegen mCherry-BDLF2 und zum anderen ein Anti-GFP-Antikörper gegen BMRF2 verwendet. Im anschließenden Western Blot erfolgte der Nachweis der BDLF2-Fragmente und BMRF2 aus den Lysaten und den Präzipitaten (Abbildung 29). Alle Verkürzungen des BDLF2-Proteins waren in der Lage mit BMRF2 zu interagieren. BMRF2 konnte in allen Präzipitaten nach Immunpräzipitation von BDLF2 nachgewiesen werden und umgekehrt.

Ergebnisse

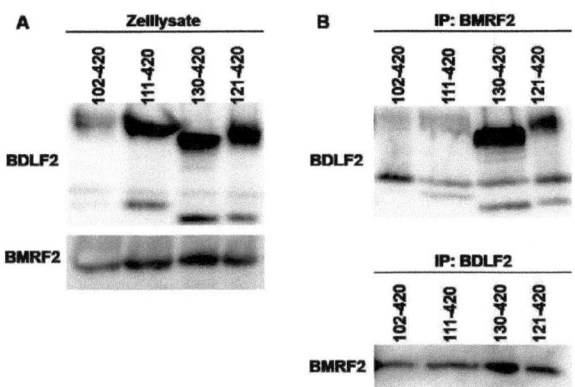

Abbildung 29: Interaktion von N-terminal deletiertem BDLF2 mit BMRF2. HEK293-Zellen wurden mit Expressionsvektoren für mCherry-Fusionsproteine mit N-terminalen Deletionen von BDLF2 und EGFP-BMRF2 kotransfiziert (2.2.1.5). Nach 24 h erfolgten die Zelllyse (2.2.3.1), eine Immunpräzipitation mit einem Anti-DsRed- bzw. einem Anti-GFP-Antikörper (2.2.3.5) und der Nachweis der Proteine aus Lysaten und Präzipitaten mittels Anti-DsRed-/Anti-GFP-Antikörper (2.2.3.10). Angegeben sind die exprimierten Aminosäuren des BDLF2, 1-420 entspricht Volllängen-Protein.

Diese Ergebnisse deuten darauf hin, dass der Aminosäurebereich 102-121 des BDLF2-Proteins relevant für die mit BMRF2 erzeugten morphologischen Veränderungen ist. Zur Überprüfung dieser Hypothese und Eingrenzung der einzelnen verantwortlichen Aminosäuren wurden Deletionsmutanten des BDLF2-Proteins hergestellt. Mittels zielgerichteter Mutagenese wurden jeweils 5 Aminosäuren aus dem mCherry-BDLF2-Fusionsprotein deletiert (verwendete Oligonukleotide siehe 2.1.5). Die erzeugten Vektoren waren pmCherry-BDLF2-Δ102-106, -Δ106-110, -Δ110-114, -Δ114-118 und -Δ118-122. Nach Kotransfektion der entsprechenden Vektoren mit einem Expressionsvektor für EGFP-BMRF2 in HEK293-Zellen wurde ihre Fähigkeit zur Induktion morphologischer Veränderungen untersucht (Abbildung 30). Zwar zeigte die Transfektions-Kontrolle mit dem pEGFP-Leervektor (Abbildung 30 A) Zellausläufer, doch die mutierten BDLF2-Proteine induzierten deutlich stärkere Veränderungen der Zellmorphologie (Abbildung 30 B). In allen Fällen konnten lange, teilweise stark verzweigte Ausläufer beobachtet werden. Die Mutanten mit einer Deletion der Aminosäuren 110-114 bzw. 118-122 erzeugten einen weniger ausgeprägten Phänotyp als die anderen Deletionsmutanten. Die Morphologie der exprimierenden Zellen ist aber von der der Kontrolle deutlich verschieden. Demnach konnten die verantwortlichen Aminosäuren auf diese Weise nicht identifiziert werden.

Ergebnisse

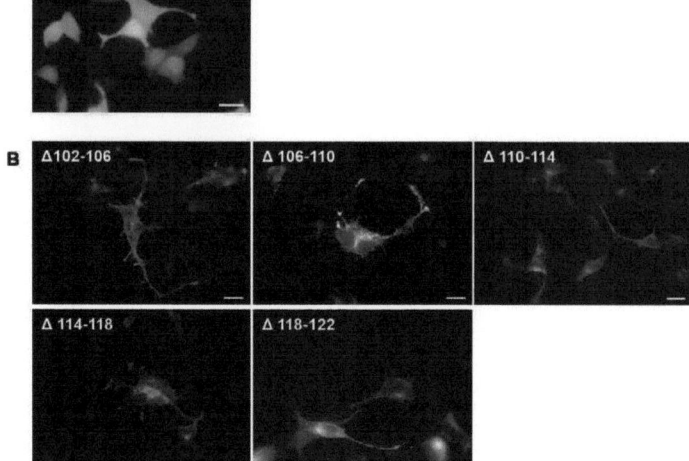

Abbildung 30: Koexpression von Deletionsmutanten des BDLF2-Proteins (rot) mit BMRF2 (grün).
HEK293-Zellen wurden mit Deletionsmutanten des mCherry-BDLF2-Expressionsvektors und EGFP-BMRF2 (B) bzw. einem EGFP-Leervektor (A) (ko-)transfiziert (2.2.1.5) und nach 24 h fluoreszenzmikroskopisch analysiert (2.2.1.6). Angegeben sind die deletierten Aminosäuren. Gezeigt sind die Überlagerungen des roten BDLF2- und grünen BMRF2-Signals. Der Maßstabsbalken zeigt 20 µm an.

3.3.2 Gezielte Expression einzelner Proteindomänen von BDLF2 und BMRF2

In Kapitel 3.3.1 wurde gezeigt, dass der N-Terminus des BDLF2-Proteins an der Auslösung der morphologischen Veränderungen, die durch den BDLF2/BMRF2-Komplex induziert werden, beteiligt ist. Um die Rolle dieses Proteinbereichs näher zu bestimmen, wurde dieser in BDLF2/BMRF2-exprimierenden Zellen überexprimiert und die Auswirkung auf die zellulären Veränderungen untersucht. Dazu wurde zunächst ein Plasmid konstruiert, das zwei Expressionskassetten trägt: Eine für das mCherry-BDLF2-Fusionsprotein und eine zweite für den BDLF2-N-Terminus (Aminosäuren 1-131). Nur so konnte sichergestellt werden, dass alle Zellen, die das Volllängenprotein exprimieren auch den N-Terminus koexprimieren.

Der Bereich 1-131 des BDLF2-Proteins wurde zuerst mittels PCR amplifiziert. Die verwendeten Primer ermöglichen eine anschließende Restriktion mit *Xho*I und *Nhe*I. Das so erzeugte Fragment wurde mit dem 3979 bp großen *Xho*I/*Nhe*I-Fragment von pmCherry-C1 ligiert, aus dem so der mCherry-ORF ausgeschnitten wurde. Der auf diese Weise erzeugte Vektor pBDLF2-1-131 enthält die Sequenz für den N-Terminus von BDLF2, dessen Expression durch einen konstitutiv aktiven Mammalia-Promotor gesteuert wird. Diese

Expressionskassette wurde durch PCR amplifiziert. Das PCR-Produkt wurde dann in die *Pci*I-Konsensussequenz des Vektors pmCherry-BDLF2 eingebracht, wodurch das Plasmid pmCherry-BDLF2+BDLF2-1-131 erzeugt wurde (Abbildung A 4). Dieses Plasmid wurde anschließend in HEK293-Zellen eingebracht, ein Expressionsplasmid für EGFP-BMRF2 wurde kotransfiziert. Abbildung 31 zeigt die fluoreszenzmikroskopische Auswertung 24 h nach Transfektion. Die Zellen zeigen nach BDLF2/BMRF2-Transfektion den erwarteten Phänotyp mit Zellausläufern (Abbildung 31 A). Wird der N-Terminus von BDLF2 koexprimiert, haben die Zellen eine runde Morphologie (Abbildung 31 B).

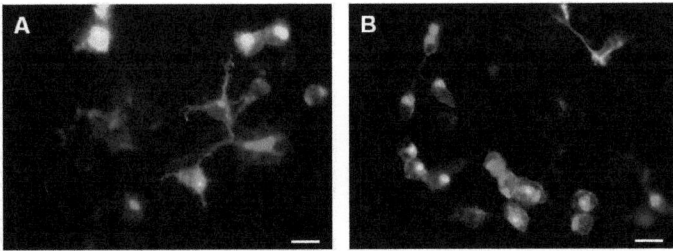

Abbildung 31: Koexpression des BDLF2/BMRF2-Komplexes mit einem zusätzlichen BDLF2-N-Terminus. A) HEK293-Zellen wurden mit Expressionsvektoren für mCherry-BDLF2 und EGFP-BMRF2 kotransfiziert (2.2.1.5). B) Der Expressionsvektor für mCherry-BDLF2 enthält eine zusätzliche Expressionskassette für den BDLF2-Aminosäurebereich 1-131, die die Induktion von Zellausläufern verhindert. Die Zellen wurden 24 h nach Transfektion fluoreszenzmikroskopisch untersucht (2.2.1.6). Gezeigt sind die Überlagerungen des roten BDLF2- und grünen BMRF2-Signals. Der Maßstabsbalken zeigt 20 µm an.

Der N-Terminus von BDLF2 ist somit von entscheidender Bedeutung für die Induktion morphologischer Veränderungen durch den BDLF2/BMRF2-Komplex. Der N-Terminus von BDLF2 sollte separat in HEK293-Zellen exprimiert werden, um zu klären, ob er allein verantwortlich für den beobachteten Phänotyp ist. BDLF2 ist jedoch von BMRF2 abhängig um zur Zellmembran zu gelangen, daher wurde ein spezieller Expressionsvektor (pIN-G) verwendet, der den Transport zur Zytoplasmamembran ermöglicht. PIN-G enthält eine Igκ-leader-Sequenz und eine Transmembrandomäne aus dem PDGF-Rezeptor (*platelet derived growth factor*). Diese dirigieren das fusionierte EGFP über den sekretorischen Weg zur Plasmamembran [157]. Werden Signalsequenzen, die verantwortlich für die Lokalisierung eines Proteins sind, in pIN-G einkloniert, dann verändert sich die Lokalisation des EGFP-Proteins dementsprechend. Zwei Markierungen (HA und myc) innerhalb des kodierenden Bereichs ermöglichen die biochemische Analyse des exprimierten Proteins.

Ergebnisse

Die in pIN-G enthaltene Transmembrandomäne stammt aus einem Typ I Transmembranprotein. BDLF2 ist jedoch ein Typ II Transmembranprotein. Damit BDLF2 in korrekter Orientierung exprimiert werden kann, musste daher zunächst die Transmembrandomäne ausgetauscht werden. Als neue Domäne, wurde der Transmembranbereich der HLA-II-γ-Kette ausgewählt, die ebenfalls ein Typ II Protein ist. Diese wurde mittels PCR amplifiziert und mittels *Sal*I- und *Kpn*I-Restriktion in pIN-G eingefügt, wodurch die PDGFR-Domäne ersetzt wurde. Der so erzeugte Vektor wurde PIN-G-HLA genannt und diente als Grundgerüst für die folgenden Klonierungen. Der BDLF2-N- bzw. -C-Terminus (Aminosäuren 1-184 bzw. 208-420) wurde mittels PCR amplifiziert und nach Restriktion mit *Sal*I/*Sac*I bzw. *Mlu*I/*Xma*I stromaufwärts bzw. abwärts der Transmembrandomäne in PIN-G-HLA eingebracht. Durch die Einfügung des Bereichs BDLF2-1-184 entstand dabei ein Stop-Codon, dass im Anschluss durch Austausch eines Basenpaars mittels zielgerichtete Mutagenese in einen Tryptophanrest verändert wurde. Die auf diese Weise erzeugten Plasmide wurden als PIN-G-BDLF2-1-184 und PIN-G-BDLF2-208-420 bezeichnet. Ein weiteres Plasmid, PIN-G-BDLF2-voll, enthält beide BDLF2-Termini. Die durch die pIN-G-Derivate kodierten Proteine sind in Abbildung 32 dargestellt (Vektorkarten siehe Abbildung A 5).

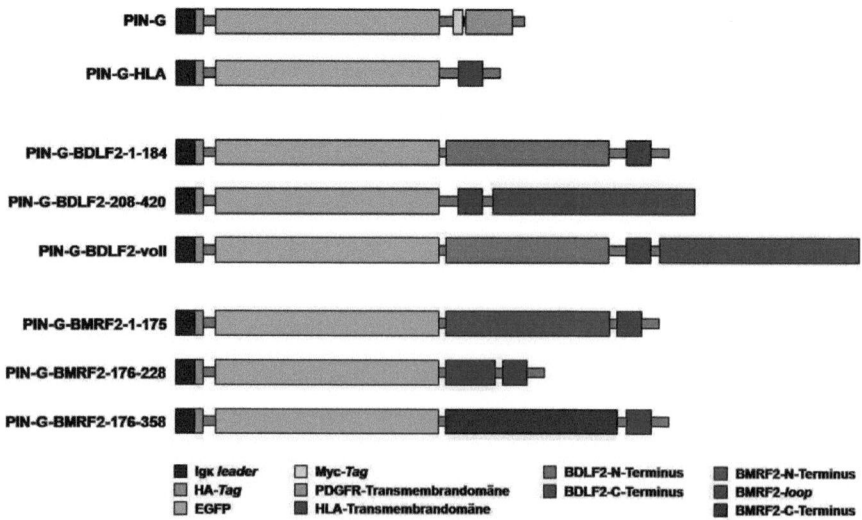

Abbildung 32: Übersicht über die Proteine, die durch pIN-G-Derivate exprimiert werden. Das Plasmid PIN-G (2.1.4.13) enthält den offenen Leserahmen von EGFP in Fusion zu einem Igκ-leader, der Transmembrandomäne (TMD) des *platelet derived growth factor receptor* (PDGFR), einem HA- und einem

Ergebnisse

Myc-Tag. Die PDGFR-TMD wurde durch die HLA-TMD ersetzt. Einzelne Protein-Domänen des BDLF2- bzw. BMRF2-Proteins wurden wie dargestellt in den Vektor PIN-G-HLA kloniert. Die verwendeten Primer sind in Kapitel 2.1.5 angegeben.

Die beschriebenen pIN-G-Derivate wurden anschließend in HEK293-Zellen transfiziert und auf ihre Fähigkeit zur Induktion morphologischer Veränderungen untersucht. Abbildung 33 A und B zeigen Zellen, die mit pIN-G bzw. PIN-G-HLA transfiziert wurden. Der Austausch der Transmembrandomäne hatte keinen Einfluss auf die Lokalisation des gebildeten EGFP-Fusionsproteins. Die Zellmorphologie wurde durch das membranassoziierte EGFP ebenfalls nicht beeinflusst. Zellen, die mit PIN-G-BDLF2-Konstrukten transfiziert wurden (Abbildung 33 C), unterschieden sich morphologisch nicht von den kontroll-transfizierten Zellen. Es konnten keine Zellausläufer beobachtet werden. Daher wurde vermutet, dass BMRF2 für die Induktion des Phänotyps essentiell ist. HEK293-Zellen wurden anschließend mit den PIN-G-BDLF2-Konstrukten und einem mCherry-BMRF2-Expressionsvektor kotransfiziert (Abbildung 33 C). Auch nach Koexpression konnten keine morphologischen Veränderungen beobachtet werden. Der BDLF2-N-Terminus zeigte deutlich reduzierte Kolokalisation mit mCherry-BMRF2 (Abbildung 33 C; 1-184). Die Fusionsproteine, die den BDLF2-C-Terminus enthalten, kolokalisierten fast vollständig mit mCherry-BMRF2 (Abbildung 33 C, 208-420 bzw. 1-184 und 208-420). Der Bereich des BDLF2-Proteins, der mit BMRF2 interagiert scheint demnach innerhalb des C-Terminus zu liegen.

Ergebnisse

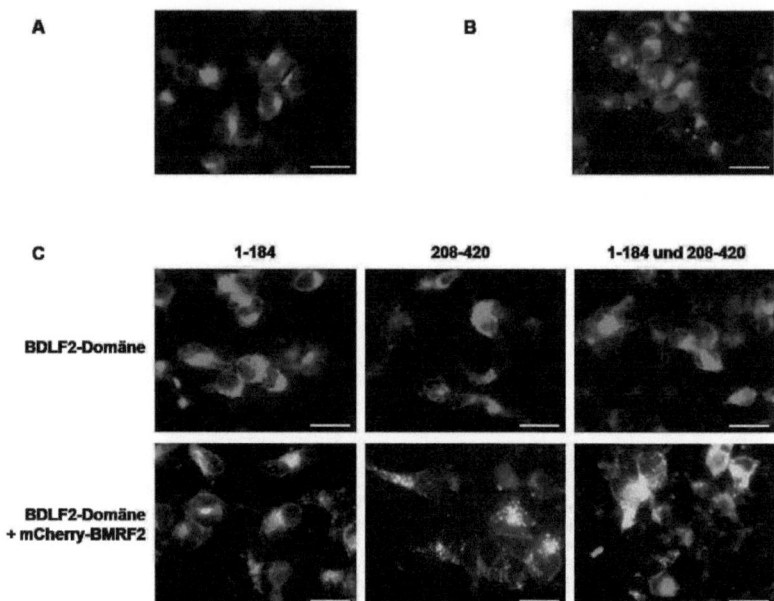

Abbildung 33: Expression der PIN-G-BDLF2-Konstrukte. A) pIN-G, B) PIN-G-HLA, C) PIN-G-BDLF2-1-184, PIN-G-BDLF2-208-420 bzw. PIN-G-BDLF2-voll wurden allein oder mit pmCherry-BMRF2 in HEK293-Zellen transfiziert (2.2.1.5), wobei die exprimierten Aminosäuren des BDLF2-Proteins angegeben sind. Nach 24 h erfolgte die fluoreszenzmikroskopische Analyse (2.2.1.6). Für BDLF2+BMRF2 ist die Überlagerungen des grünen BDLF2- und roten BMRF2-Signals dargestellt. Der Maßstabsbalken zeigt 20 µm an.

Um sicherzustellen, dass die PIN-G-BDLF2-Proteine volle Funktionalität besitzen und nicht z. B. das Fehlen der Glykosylierung des BDLF2-C-Terminus dafür verantwortlich ist, dass keine morphologischen Veränderungen zu beobachten waren, wurden weitere Versuche durchgeführt. Zunächst wurden die produzierten BDLF2-Proteinbereiche auf das Vorhandensein von *N*-verknüpften Glykosylierungen untersucht. Dazu wurden die Vektoren PIN-G-BDLF2-1-184, PIN-G-BDLF2-208-420 bzw. PIN-G-BDLF2-voll zusammen mit pEGFP-C2-BMRF2 in HEK293-Zellen kotransfiziert. Nach 24 h erfolgten die Zelllyse und die Deglykosylierung mit PNGaseF und EndoH. Letzteres ist eine weitere Endoglykosidase, die Zuckerreste mit hohem Mannoseanteil (Mannoseketten) entfernt, in dem sie den Chitobiose-Kern spaltet. Im Anschluss an die Glykosidase-Behandlung wurde der Nachweis der Proteine mittels Western Blot (Abbildung 34) geführt. Alle untersuchten Proteine zeigten eine Größenänderung des größeren Fragments nach PNGaseF-Behandlung. PIN-G-BDLF2-1-184 und PIN-G-HLA erzeugten EndoH-resistente Proteine, alle anderen Proteine waren jedoch sensitiv. Das durch PIN-G-HLA gebildete Protein wird demnach auch glykosyliert. Da alle BDLF2-Bereiche, außer dem N-Terminus (1-184), aber Mannosidase-sensitiv sind und PIN-G-HLA nicht, kann davon ausgegangen werden, dass die Glykosylierung der Proteine erfolgte.

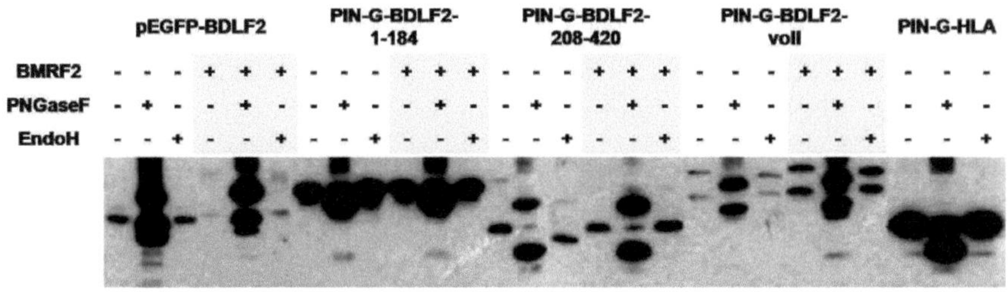

Abbildung 34: Glykosylierungsnachweis von PIN-G-BDLF2-Fragmenten. HEK293-Zellen wurden mit den Expressionsvektoren pEGFP-BDLF2, PIN-G-BDLF2-1-184, PIN-G-BDLF2-208-420, PIN-G-BDLF2-voll bzw. PIN-G-HLA allein oder mit pmCherry-BMRF2 (ko-)transfiziert (2.2.1.5). Nach 24 h erfolgten die Zelllyse und die Behandlung mit den Endoglykosidasen PNGaseF und EndoH (2.2.3.1; 2.2.3.3). Der Nachweis des BDLF2-Proteins erfolgte mittels Western Blot (2.2.3.10) unter Verwendung eines GFP-spezifischen Antikörpers.

Da eine fehlerhafte Glykosylierung ausgeschlossen werden konnte, wurde als nächstes der Transport eines PIN-G-BDLF2-Proteins zur Zytoplasmamembran untersucht. Dazu wurden HEK293-Zellen mit dem Plasmid pIN-G oder PIN-G-BDLF2-voll + pmCherry-BMRF2 (ko-)transfiziert. Nach 24 h erfolgte der Nachweis der Membranständigkeit mittels Oberflächen-Biotinylierung (wie in Kapitel 3.2.2 beschrieben). Der Nachweis der Proteine in Zelllysaten und Eluaten nach Biotin-Aufreinigung erfolgte mittels Western Blot. Abbildung 35 zeigt beide Proteine in den Eluaten. Zwar ist der Anteil an BDLF2 sehr gering, aber die Menge gebildeten Proteins war insgesamt deutlich kleiner als die Menge durch pIN-G gebildeten Proteins (Zelllysate). Der Transport zur Membran ist demnach erfolgreich.

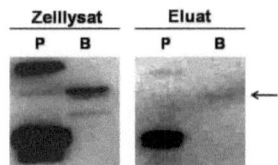

Abbildung 35: Nachweis von PIN-G-BDLF2-voll an der Zellmembran. HEK293-Zellen wurden mit pING-HLA (P) bzw. PIN-G-BDLF2-voll + pmCherry-BMRF2 (B) (ko-)transfiziert (2.2.1.5). Nach 24 h wurden Oberflächenproteine Biotin-markiert und aufgereinigt (2.2.3.4). Der Nachweis der gebildeten Proteine aus Zelllysaten und Eluaten erfolgte mittels Western Blot und GFP-spezifischen Antikörper (2.2.3.10). Der Pfeil deutet auf nachgewiesenes PIN-G-BDLF2-voll-Protein im Eluat.

Ergebnisse

Zusammenfassend ergibt sich, dass durch die PIN-G-BDLF2-Konstrukte funktionale BDLF2-Proteine produziert wurden, jedoch konnte keine der BDLF2-Domänen morphologische Veränderungen der exprimierenden Zellen hervorrufen. Dabei machte es keinen Unterschied ob BMRF2 koexprimiert wurde oder nicht. Für den durch BDLF2/BMRF2 hervorgerufenen Phänotyp ist anscheinend das Volllängen-BDLF2-Protein essentiell.

Um relevante Bereiche des BMRF2-Proteins zu identifizieren, wurde der beschriebene Untersuchungsgang für BMRF2 wiederholt. Dafür wurden die Aminosäurebereiche 1-175 (C-Terminus), 176-228 (extrazellulärer *loop*) und 176-358 (C-Terminus) mittels PCR amplifiziert und nach Restriktion mit *Sal*I und *Sac*I stromaufwärts der Transmembrandomäne in den Vektor PIN-G-HLA eingefügt. Die so konstruierten Plasmide wurden PIN-G-BMRF2-1-175, PIN-G-BMRF2-176-228 und PIN-G-BMRF2-176-358 genannt. Die durch sie kodierten Proteine sind in Abbildung 32 dargestellt (Vektorkarten siehe Abbildung A 5).

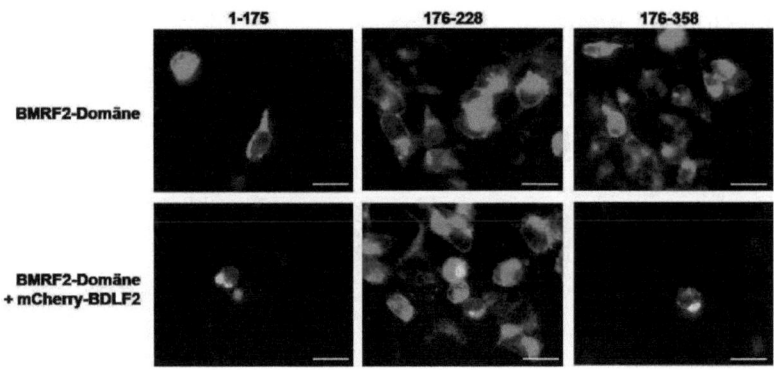

Abbildung 36: Expression der PIN-G-BMRF2-Konstrukte. PIN-G-BMRF2-1-175, PIN-G-BMRF2-176-228 bzw. PIN-G-BMRF2-176-358 wurden allein oder mit pmCherry-BDLF2 in HEK293-Zellen transfiziert (2.2.1.5), wobei die exprimierten Aminosäuren des BMRF2-Proteins angegeben sind. Nach 24 h erfolgte die fluoreszenzmikroskopische Analyse (2.2.1.6). Für BMRF2+BDLF2 ist die Überlagerung des grünen BMRF2- und roten BDLF2-Signals dargestellt. Der Maßstabsbalken zeigt 20 µm an.

Die erzeugten PIN-G-BMRF2-Konstrukte wurden allein oder zusammen mit einem mCherry-BDLF2-Expressionsvektor in HEK293-Zellen (ko-)transfiziert und nach 24 h fluoreszenz-mikroskopisch analysiert. Wie in Abbildung 36 zu erkennen ist, wurde durch keinen der BMRF2-Bereiche die Bildung von Zellausläufern induziert. Wird BDLF2 koexprimiert, scheint das toxisch auf die Zellen zu wirken. Sie werden kreisrund und

Ergebnisse

schrumpfen auf die Größe des Zellkerns zusammen. Daher kann nicht beurteilt werden, in welchem Maße BDLF2 die Zellmembran erreicht oder mit BMRF2 kolokalisiert. Mit Hilfe des PIN-G-Systems war es daher nicht möglich weitere funktionale Bereiche des BMRF2-Proteins zu identifizieren. Die Ergebnisse deuten darauf hin, dass auch das vollständige BMRF2-Protein vorhanden sein muss um Veränderungen der Zellmorphologie auszulösen.

3.4 Identifizierung von Interaktionspartnern des BDLF2/BMRF2-Komplexes

Der BDLF2/BMRF2-Komplex induziert morphologische Veränderungen in exprimierenden Zellen. Um die damit verbundenen Signalwege und die Wirkweise der Proteine BDLF2 und BMRF2 aufzuklären sollten zelluläre Interaktionspartner identifiziert werden.

3.4.1 *Yeast Two Hybrid*-Analyse des BDLF2-Bereichs 110-130

In Kapitel 3.3.1 wurde bereits beschrieben, dass der Aminosäurebereich 110-120 des BDLF2-Proteins an den Veränderungen der Zellmorphologie beteiligt ist. Es ist wahrscheinlich, dass diese Beteiligung in der Interaktion mit zellulären Proteinen liegt. Aus diesem Grund sollten mögliche Bindungspartner dieser Domäne identifiziert werden. Dafür wurde eine *Yeast Two Hybrid*-Untersuchung durchgeführt, bei dem alle in humanen Zellen vorkommenden Proteine (*prey*) gleichzeitig auf eine Interaktion mit dem Proteinbereich (*bait*) getestet werden können.

Zunächst musste ein *bait*-Vektor erzeugt werden. Dafür wurde der Bereich AS110-130 des BDLF2 mittels PCR amplifiziert. Es wurden drei sehr ähnliche Primer-Paare verwendet, die Restriktionssequenzen für *Eco*RI bzw. *Not*I enthielten. Mit Hilfe dieser Schnittstellen wurde das Fragment BDLF2-110-130 dreimal als Tandem in die *Eco*RI/*Not*I-Region des Plasmids pGBKT7 eingefügt, wodurch der Vektor pGBKT7-BDLF2-3 erzeugt wurde (Abbildung A 6). Die richtige Sequenz und Orientierung der einzelnen Bestandteile wurde mittels Sequenzierung bestätigt.

Für die *Yeast Two Hybrid*-Reaktion wurde das Plasmid pGBKT7-BDLF2-3 in *Saccharomyces cerevisiae* Y2HGold transformiert und eine *bait*-Kultur erzeugt. Diese wurde mit einer *prey*-Kultur von *S.cerevisiae* Y187-Zellen gemischt, die eine normalisierte cDNA-Bibliothek humaner Zellen enthielten. Nach erfolgreicher Paarung der beiden Kulturen konnten Klone mit möglicher Interaktion zwischen *bait* und *prey* selektiert werden. Das verwendete System besitzt vier Selektionsmarker, wodurch die Isolation von falschpositiven Interaktionen minimiert wird. Im Falle des hier verwendeten BDLF2-110-130 *prey* konnte nur eine mögliche Interaktion mit einem *bait*-Klon selektiert werden. Nach Isolation

Ergebnisse

der enthaltenen *bait*-cDNA und Sequenzierung, wurde der mögliche zelluläre Bindungspartner als Fam35A identifiziert (Abbildung A 7). Dieser sollte anschließend bestätigt werden.

Ein mCherry-Fam35A-Expressionsvektor wurde erzeugt. Dazu wurde der offene Leserahmen von Fam35A mittels PCR aus einem cDNA-Plasmid amplifiziert und mit Hilfe der *Sal*I/*Sac*I-Schnittstellen stromabwärts des mCherry-Leserahmens in den Vektor pmCherry-C1 kloniert. Das Klonierungsprodukt wurde pmCherry-Fam35A genannt (Abbildung A 8). Zunächst wurde die Lokalisation von Fam35A untersucht. Dazu wurden HEK293-Zellen mit dem Expressionsvektor für mCherry-Fam35A allein (nicht gezeigt) oder mit EGFP-BDLF2/EGFP-BMRF2-Vektoren (ko-)transfiziert. Fam35A zeigt eine diffuse Lokalisation innerhalb der Zelle, die sich durch die Expression des BDLF2/BMRF2-Kompexes nicht verändert. Wie in Abbildung 37 A zu sehen ist, gibt es kaum Kolokalisation der Signale von mCherry-Fam35A und BDLF2/BMRF2. Der BDLF2/BMRF2-Komplex lokalisiert an der Zellmembran und in ER-/Golgi-Netzwerk, wohingegen Fam35A zytoplasmatisch lokalisiert ist und Anhäufungen in vesikulären Strukturen zeigt. Fam35A konnte jedoch auch im Bereich von ER/Golgi beobachtet werden. Da über die Funktion von Fam35A nichts bekannt ist, kann eine Interaktion mit dem BDLF2/BMRF2-Komplex innerhalb des ER/Golgi nicht ausgeschlossen werden. Deshalb wurde im Anschluss eine Ko-Immunpräzipitation durchgeführt, die Aufschluss über eine mögliche Bindung der Proteine geben sollte.

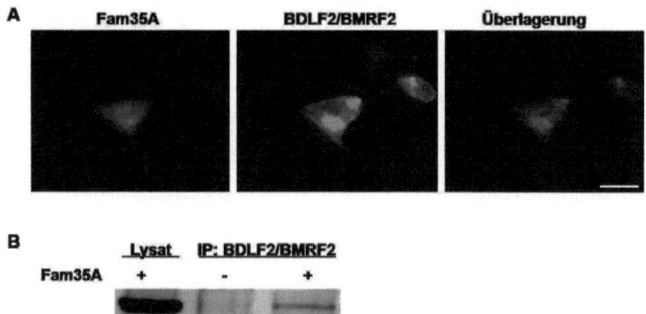

Abbildung 37: Lokalisation von Fam35A in BDLF2/BMRF2-exprimierenden Zellen. HEK293-Zellen wurden mit Expressionsvektoren für mCherry-Fam35A, EGFP-BDLF2 und EGFP-BMRF2 transfiziert (2.2.1.5). A) Nach 24h erfolgte die fluoreszenzmikroskopische Analyse (2.2.1.6). Der Maßstabsbalken zeigt 20 µm an. B) Die transfizierten Zellen wurden lysiert und für eine Ko-Immunpräzipitation mit einem anti-GFP-Antikörper gegen BDLF2 und BMRF2 verwendet (2.2.3.1; 2.2.3.5). Anschließend wurde mCherry-Fam35A in den Präzipitaten und im Lysat mittels Western Blot und einem Anti-DsRed-Antikörper nachgewiesen

Ergebnisse

(2.2.3.10). Als Kontrolle wurden Zellen verwendet, die mit EGFP-BDLF2- und EGFP-BMRF2-Expressionsvektoren sowie dem mCherry-Leervektor kotransfiziert wurden.

Für die Ko-Immunpräzipitation wurden HEK293-Zellen mit Expressionsvektoren für EGFP-BDLF2 und EGFP-BMRF2 sowie mCherry-Fam35A, bzw. als Kontrolle mit einem mCherry-Leervektor, transfiziert. Nach 24 h erfolgten die Zelllyse und die Immunpräzipitation mittels Anti-DsRed- und Anti-GFP-Antikörper. Der Nachweis der Proteine in den Lysaten und Präzipitaten wurde mit Hilfe eines Western Blots erbracht. Fam35A konnte in Immunpräzipitaten von BDLF2/BMRF2 nachgewiesen werden und scheint demzufolge ein Interaktionspartner des BDLF2/BMRF2-Komplexes zu sein (Abbildung 37 B). Im Kontrollpräzipat ohne mCherry-Fam35A wurde keine spezifische Bande nach BDLF2/BMRF2-Immunpräzipitation nachgewiesen.

3.4.2 Identifizierung von Proteinen aus BDLF2-Immunpräzipitaten

Mit Hilfe der *Yeast Two Hybrid*-Analyse ist ein neuer Interaktionspartner des BDLF2/BMRF2-Komplexes identifiziert worden. Um weitere Bindungspartner zu finden, sollten Immunpräzipitate nach Aufreinigung von BDLF2/BMRF2 auf das Vorhandensein zellulärer Proteine untersucht werden. Dazu wurden HEK293-Zellen mit Expressionsvektoren für EGFP-BDLF2 und mCherry-BMRF2 transfiziert und nach 24 h lysiert. Es folgte eine Immunpräzipitation mit einem anti-GFP-Antikörper. Die gereinigten Präzipitate wurden zunächst auf einem SDS-Polyacrylamidgel aufgetrennt und mit Silbernitrat angefärbt (Abbildung 38). Auf diese Weise konnte das Vorhandensein mehrerer Proteine verschiedener Größe in den Präzipitaten nachgewiesen werden. Dabei entspricht die Größe der mit Pfeil markierten Bande (Abbildung 38) der von EGFP-BDLF2.

Zur Identifizierung der nachgewiesenen Banden in BDLF2-Immunpräzipitaten nach Silberfärbung, sollte eine Massenspektrometrie durchgeführt werden. Diese wurde von der Arbeitsgruppe Proteomics am Universitätsklinikum Aachen durchgeführt. Die Präzipitate wurden zunächst mittels 2D-Gelelektrophorese aufgetrennt. Dazu erfolgte eine Auftrennung durch Isoelektrische Fokussierung und anschließend eine SDS-PAGE. Mit Hilfe eines 2D-Gels eines Kontroll-Präzipitats, wurden einzelne Proteinpunkte ausgewählt, die spezifisch für das BDLF2/BMRF2-Immunpräzipat schienen (1 und 2, Abbildung 39).

Ergebnisse

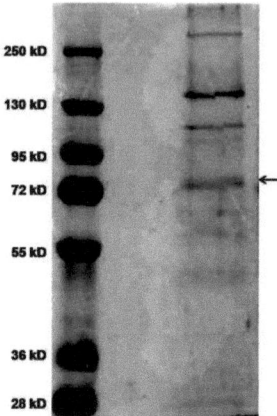

Abbildung 38: Silberfärbung aufgetrennter Proteine nach BDLF2-Immunpräzipitation. HEK293-Zellen wurden mit EGFP-BDLF2 und mCherry-BMRF2-Expressionsvektoren transfiziert (2.2.1.5). Nach 24 h wurden die Zellen für eine Immunpräzipitation mit einem anti-GFP-Antikörper verwendet (2.2.3.5). Die Präzipitate wurden auf einem Polyacrylamidgel aufgetrennt und mittels Silberfärbung sichtbar gemacht (2.2.3.7; 2.2.3.9). Der Pfeil deutet auf eine Bande, die der Größe des EGFP-BDLF2-Proteins entspricht.

Auf dem Gel zeigte sich eine große Verunreinigung, die auch nach Veränderungen der Probenzusammensetzung nicht vermieden werden konnte. Dabei handelt es sich wahrscheinlich um den für die Immunpräzipitation verwendeten Antikörper (AK, Abbildung 39). Die zu untersuchenden Proteinpunkte wurden aus dem Gel ausgeschnitten und massenspektrometrisch analysiert. Dabei wurde das Verfahren der *matrix-assisted laser desorption ionization / time of flight*-Massenspektrometrie (MALDI-TOF) verwendet.

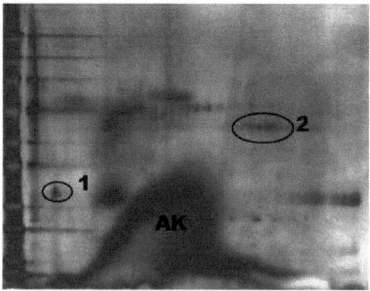

Abbildung 39: 2D-Gelelektrophorese von BDLF2-Immunpräzipitaten. GFP-BDLF2/mCherry-BMRF2-exprimierende HEK293-Zellen wurden 24 h nach Transfektion (2.2.1.5) für eine Immunpräzipitation mit einem anti-GFP-Antikörper verwendet (2.2.3.5). Die Präzipitate wurden am Institut für Pathologie (Universitätsklinikum Aachen) mittels 2D-Gelelektrophorese aufgetrennt und mittels Silberfärbung sichtbar gemacht. Die isolierten Proteine sind mit 1 bzw. 2 markiert. AK: Antikörper-Verunreinigung.

Ergebnisse

Die Auswertung der erhaltenen Daten und ein Vergleich mit einer Datenbank für humane Proteine erbrachte für beide ausgewählte Proteinpunkte die E3 Ubiquitin-Protein Ligase RNF115 (erreichter *Score* 56 bzw. 57) als wahrscheinlichstes Protein. Weniger wahrscheinlich waren für Punkt 1 die 6-Phosphogluconolactonase (*Score* 38) und für 2 die N-acetyllactosaminide-beta-1,6-N-acetylglucosaminyl-Transferase (*Score* 35).

3.5 Modulierung zellulärer Signalwege durch den BDLF2/BMRF2-Komplex

Die durch den BDLF2/BMRF2-Komplex hervorgerufenen morphologischen Veränderungen sind Aktin-abhängig und scheinen durch die kleine GTPase RhoA vermittelt zu werden [102]. Die Rolle von RhoA an der Induktion der BDLF2/BMRF2-assoziierten Zellausläufer sollte untersucht sowie die Aktivität von Mediatoren RhoA-vermittelter Signale Abhängigkeit von BDLF2/BMRF2 bestimmt werden. Der mögliche Einfluss des BDLF2/BMRF2-Komplexes auf andere zelluläre Signalwege sollte ebenfalls geprüft werden.

3.5.1 Der BDLF2/BMRF2-Komplex hat keinen Einfluss auf RhoA oder dessen direkte Mediatoren

Loesing et al. (2009) konnten in ersten Voruntersuchungen zeigen, dass die Koexpression einer dominant-aktiven Mutante der kleinen GTPase RhoA die Veränderung der Zellmorphologie verhindert [67]. Zur näheren Analyse der Rolle von RhoA an der Induktion der morphologischen Veränderungen, wurden HEK293-Zellen mit GFP-Fusionsmutanten von RhoA transfiziert, die entweder dominant-aktiv oder dominant-negativ wirken. Die Morphologie der Zellen wurde 24h nach Transfektion fluoreszenzmikroskopisch untersucht.

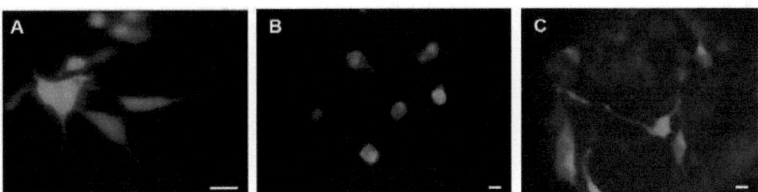

Abbildung 40: Morphologische Veränderungen von HEK293-Zellen durch Expression von RhoA-Mutanten. HEK293-Zellen wurden mit einem GFP-Leervektor (A) oder Expressionsvektoren für eine GFP-markierte dominant-aktive (B)/-negative (C) Mutante von RhoA transfiziert (2.2.1.5). Nach 24 h erfolgte die fluoreszenzmikroskopische Analyse (2.2.1.6). Der Maßstabsbalken zeigt 20 µm an.

Zellen, die dominant-aktives GFP-RhoA exprimieren (Abbildung 40 B), waren deutlich kleiner und runder als Kontrollzellen (Abbildung 40 A). Die Expression der dominant-

Ergebnisse

negativen RhoA-Mutante führte zu zellulären Veränderungen, die dem BDLF2/BMRF2-induzierten Phänotyp sehr ähnlich sind (Abbildung 40 C). So kommt es zur Ausbildung langer verzweigter Zellausläufer. Diese Beobachtungen deuten erneut darauf hin, dass der RhoA-Signalweg an der Induktion der morphologischen Veränderungen durch den BDLF2/BMRF2-Komplex beteiligt ist.

Um den Einfluss der viralen Proteine auf RhoA zu analysieren, wurde die Aktivität von RhoA in BDLF2/BMRF2-koexprimierenden Zellen bestimmt. Dazu wurde mit Hilfe von RGB-Agarose aktives GTP-gebundenes RhoA aus dem Zelllysat isoliert. Auf diese Weise präzipitiertes GTP-RhoA, sowie gesamt-RhoA aus dem Zelllysat wurden mittels Western Blot detektiert und quantifiziert.

HEK293-Zellen wurden zunächst im Rahmen einer Transfektionskinetik mit einem Expressionsvektor für mCherry-BDLF2 und mCherry-BMRF2 transfiziert, der gewährleistet, dass alle Zellen beide Proteine exprimieren. Nach 0h, 2h, 4h, 8h, 24h und 48h wurden die Zellen lysiert und die Produktion der Fusionsproteine mittels Western Blot analysiert (Abbildung 41). Die Proteine BDLF2 und BMRF2 können erstmals 8h nach Transfektion detektiert werden, wenn auch nur schwach. Die Menge gebildeten Proteins nimmt von da an stetig zu. Aus diesem Grund wurden die folgenden Analysen mit Transfektionskinetiken durchgeführt, die 8h nach Transfektion beginnen.

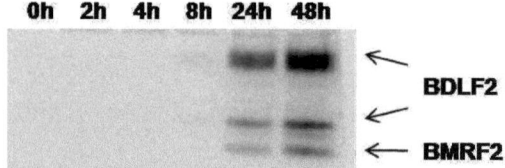

Abbildung 41: Nachweis der BDLF2/BMRF2-Expression zu unterschiedlichen Zeitpunkten nach Transfektion. HEK293-Zellen wurden mit einem mCherry-BDLF2/mCherry-BMRF2-Expressionsvektor transfiziert (2.2.1.5). Nach 0h, 2h, 4h, 8h, 24h und 48h wurden die Zellen lysiert und zum Nachweis von BDLF2 und BMRF2 mittels Western Blot und einem Anti-DsRed-Antikörper verwendet (2.2.3.1; 2.2.3.10).

Für die Analyse der RhoA-Aktivität wurden Zellen mit dem mCherry-BDLF2/BMRF2-Expressionsplasmid transfiziert und nach 0h, 8h, 24h und 48h zur Isolation GTP-gebundenen RhoAs verwendet. Zur Überprüfung des Analysesystems wurden Zellen mit pEGFP oder mit Expressionsvektoren für GFP-markiertes RhoA (WT), dominant-aktives RhoA (RhoAQ63L) oder dominant-negatives RhoA (RhoAT19N) transfiziert und nach 24h ebenfalls für die Quantifizierung des aktiven RhoA verwendet. Wie Abbildung 42 A zeigt, funktioniert das Analysesystem. Aus den Zellen konnte aktives zelluläres und rekombinantes (Pfeile) RhoA isoliert werden.

Die Aktivität von RhoA, gemessen am Gehalt GTP-gebundenen RhoAs, ist in Zellen mit RhoAQ63L am größten (Abbildung 42 A). Es konnte keine Aktivität von RhoAT19N detektiert werden und die Aktivität nach Transfektion mit WT-RhoA war intermediär. Die Transfektion von pEGFP schien die Aktivität zellulären RhoA negativ zu beeinflussen, die Transfektion der RhoA-Mutanten hatte jedoch keinen Effekt. Die Expression des BDLF2/BMRF2-Komplexes hatte keinen Effekt auf die Aktivität von RhoA (Abbildung 42 B). Das Verhältnis GTP-RhoA/gesamt-RhoA war zu allen Zeitpunkten gleich.

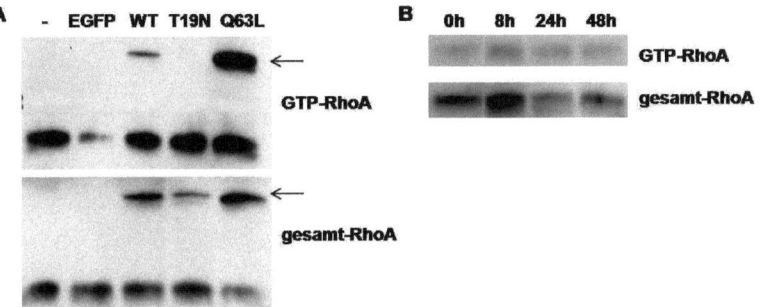

Abbildung 42: Quantifizierung von GTP-RhoA und gesamt-RhoA aus BDLF2/BMRF2-exprimierenden und Kontroll-Zellen. Für den Nachweis der RhoA-Aktivität wurden HEK293-Zellen verwendet, die A) nicht transfiziert (-) oder 24 h zuvor mit einem Leervektor für EGFP, sowie Expressionsvektoren für GFP-markiertes RhoA (WT) bzw. eine dominant-negative (T19N)/-aktive (Q63L) Mutante von RhoA transfiziert wurden oder B) 0h, 8h, 24h bzw. 48h zuvor mit einem mCherry-BDLF2/mCherry-BMRF2-Expressionsvektor transfiziert wurden (2.2.1.5). Transfizierte HEK293-Zellen wurden zur Isolation von GTP-gebundenem RhoA lysiert und mit RGB-Agarose inkubiert (2.2.3.6). Die Quantifizierung von RhoA aus den Lysaten (gesamt-RhoA) und RGB-Präzipitaten (GTP-RhoA) erfolgte mit Hilfe eines Western Blots (2.2.3.10). Pfeile weisen auf die rekombinanten GFP-markierten RhoA-Proteine.

RhoA ist an der Aktivierung verschiedener Signalmoleküle beteiligt. Zur besseren Übersicht ist der RhoA-Signalweg mit den in dieser Arbeit untersuchten Proteinen in Abbildung 43 schematisch dargestellt.

Ergebnisse

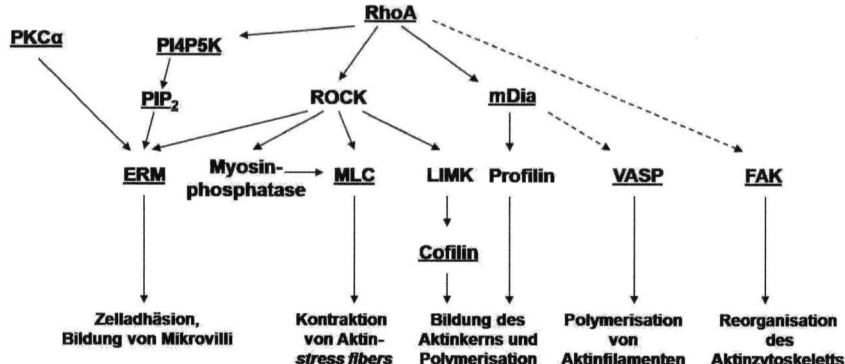

Abbildung 43: Schematische Darstellung des RhoA-Signalwegs. Die kleine GTPase RhoA reguliert die Zellmorphologie durch Aktivierung von mDia und diversen Kinasen, wie die Phosphatidyinositol-4-Phosphat-5-Kinase (PI4P5K), die Rho-Kinase (ROCK) und die *focal adhesion kinase* (FAK). Diese und andere Kinasen, wie z. B. Proteinkinase C α (PKCα), regulieren Ezrin/Radixin/Moesin (ERM), *myosin-light chain* (MLC), LIM-Kinase (LIMK) und Cofilin. MDia reguliert außerdem Profilin und *vasodilator-stimulated phosphoprotein* (VASP). Die Funktion der Proteine ist im Text erläutert. Die in dieser Arbeit untersuchten Proteine sind unterstrichen.

Die Signalübertragung von RhoA erfolgt hauptsächlich über die zwei Signalmoleküle ROCK und mDia. Die Rho-Kinase (ROCK), verarbeitet die Signale von RhoA durch Phosphorylierung ihrer Substrate. Eines dieser Substrate ist die leichte Kette des Myosin (*myosin light chain*, MLC). Der Phosphorylierungsgrad von MLC kann als Maßstab für die Aktivität von ROCK verwendet werden. In Abbildung 44 ist der Nachweis phosphorylierten MLCs in BDLF2/BMRF2-exprimierenden Zellen zu sehen. In diesem Fall wurde die Transfektionskinetik auf die Zeitpunkte 2 h und 4 h ausgeweitet, da die Transfektion selbst bereits einen Einfluss auf die Phosphorylierung von MLC zu haben schien. Zusätzlich wurde eine Transfektionskinetik mit einem mCherry-Leervektor analysiert. Als Positivkontrolle dienten Zellen, die mit einem Phosphatase-Inhibitor behandelt wurden (+).

Beide Transfektionskinetiken zeigten Schwankungen der pMLC-Level. Die Stärke des pMLC-Signals erreichte aber zu keinem Zeitpunkt die Signalstärke der Positivkontrolle. In Abhängigkeit der Expression von BDLF2 und BMRF2 konnte keine weitere Veränderung des Phosphorylierungsstatus von MLC beobachtet werden. Ein Einfluss des viralen Proteinkomplexes auf ROCK konnte daher nicht nachgewiesen werden.

Ergebnisse

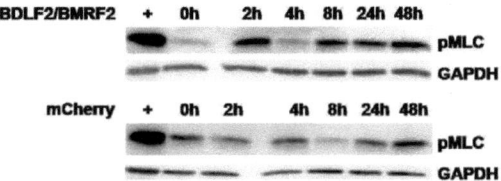

Abbildung 44: Nachweis phosphorylierten MLC in BDLF2/BMRF2-exprimierenden Zellen und Kontrollzellen. HEK293-Zellen wurden mit einem mCherry-BDLF2/mCherry-BMRF2-Expressionsvektor bzw. einem mCherry-Leervektor transfiziert (2.2.1.5). Nach 0h, 2h, 4h, 8h, 24h und 48h wurden die Zellen lysiert und zum Nachweis der phosphorylierten Form der *myosin light chain* (MLC) mittels Western Blot verwendet (2.2.3.1; 2.2.3.10). Der Nachweis von GAPDH in den Proben diente als Beladungskontrolle. (+) Die Zellen wurden vor der Zelllyse für 30 min mit 100 nM Calyculin A behandelt.

Das zweite wichtige Molekül bei der Weiterleitung von RhoA-Signalen ist mDia. MDia wird durch GTP-RhoA aktiviert und transloziert daraufhin zur Zellmembran. Zur Untersuchung der Aktivität von mDia wurde ein Immunfluoreszenz-Test verwendet, bei dem mDia1 in BDLF2/BMRF2-transfizierten und Kontroll-Zellen 24 h nach Transfektion nachgewiesen wurde. Wie in Abbildung 45 zu erkennen ist, führte die Expression des BDLF2/BMRF2-Komplexes nicht zu einer veränderten Lokalisation von mDia1. In BDLF2/BMRF2-exprimierenden Zellen (Abbildung 45 B), sowie in Kontrollzellen (Abbildung 45 A) war mDia1 hauptsächlich zytoplasmatisch lokalisiert. Der BDLF2/BMRF2-Komplex war an der Zellmembran lokalisiert. Die Proteine zeigten keine Kolokalisation (Abbildung 45 B und C).

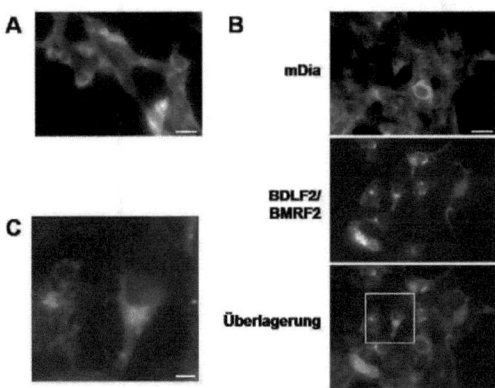

Abbildung 45: Lokalisation von mDia1 in BDLF2/BMRF2-exprimierenden Zellen. HEK293-Zellen wurden mit Expressionsvektoren für EGFP-BDLF2 und EGFP-BMRF2 transfiziert (2.2.1.5). Nach 24 h erfolgte der Nachweis von mDia1 (rot) in diesen Zellen (B) und in untransfizierten Kontrollzellen (A) mittels Immunfluoreszenztest (2.2.3.12). Der Maßstabsbalken zeigt 20 µm an. C) Detail von B); der Maßstabsbalken zeigt 5 µm an.

Ergebnisse

Versuche mit Zellen, die die dominant-aktive bzw. -negative RhoA-Mutante exprimierten, zeigten eine veränderte Lokalisation von mDia1 in beiden Zelltypen. Bei Expression der dominant-negativen RhoA-Mutante ist mDia1 hauptsächlich in der Nähe des Zellkerns zu sehen. In Zellen, die dominant-aktives RhoA exprimierten verlagerte sich die Lokalisation von mDia1 an die Zellmembran, wobei in beiden Zelltypen auch diffus verteiltes zytoplasmatisches mDia1 zu sehen war (nicht gezeigt).

3.5.2 Beteiligung der ERM-Proteine an den morphologischen Veränderungen

Da kein Einfluss von BDLF2 und BMRF2 auf RhoA, ROCK oder mDia beobachtet werden konnte, wurden im nächsten Schritt die Aktivitäten von Proteinen weiter stromabwärts der RhoA-Signalkaskade untersucht. Dazu zählen Ezrin, Radixin und Moesin, die so genannten ERM-Proteine, ihr naher Verwandter Merlin, Cofilin, *vasodilator-stimulated phosphoprotein* (VASP) und *focal adhesion* Kinase (FAK). Alle diese Proteine werden durch RhoA-Signale beeinflusst und sind an der Regulation des Aktin-Zytoskeletts beteiligt. Ihre Aktivität wird hauptsächlich durch Phosphorylierung bestimmt, wobei die ERM-Proteine in phosphorylierter Form aktiv sind, Cofilin jedoch inaktiv ist. Zur Analyse der genannten Proteine in BDLF2/BMRF2-exprimierenden Zellen und Kontrollzellen, wurde jeweils die phosphorylierte Form und die Gesamtproteinmenge mittels Western Blot quantifiziert. Das Ergebnis einer repräsentativen Analyse ist in Abbildung 46 dargestellt. Es ist deutlich zu erkennen, dass die Menge phosphorylierter ERM-Proteine in BDLF2/BMRF2-exprimierenden Zellen über die Zeit beginnend ab 8h abnimmt. Nach 24h steigt die Phosphorylierung leicht an, erreicht nach 48h aber ihren Tiefststand. Ein Einfluss des viralen Proteinkomplexes auf die Phosphorylierung der anderen untersuchten Proteine konnte nicht beobachtet werden (Abbildung 46). Die phosphorylierte Form von VASP konnte in der gezeigten BDLF2/BMRF2-Expressionskinetik nicht detektiert werden. Forskulin-behandelte HEK293-Zellen zeigten im Western Blot jedoch eine schwache VASP-Phosphorylierung, was die Funktionalität des verwendeten Antikörpers bestätigte (nicht gezeigt).

Ergebnisse

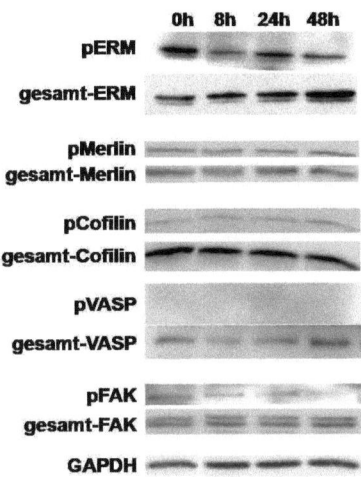

Abbildung 46: Nachweis des Phosphorylierungsstatus RhoA-regulierter Proteine in BDLF2/BMRF2-exprimierenden Zellen. HEK293-Zellen wurden mit einem mCherry-BDLF2/mCherry-BMRF2-Expressionsvektor transfiziert (2.2.1.5). Nach 0h, 8h, 24h und 48h erfolgte der Nachweis der phosphorylierten Formen und der Gesamtproteine von Ezrin/Radixin/Moesin (ERM), Merlin, Cofilin, des *vasodilator-stimulated phosphoprotein* (VASP) und der *focal adhesion* Kinase (FAK) mittels Western Blot unter Verwendung spezifischer Antikörper (2.2.3.10; 2.1.6). Der Nachweis von GAPDH diente als zusätzliche Beladungskontrolle.

Um die Beteiligung der ERM-Proteine an den morphologischen Zellveränderungen durch den BDLF2/BMRF2-Komplex zu bestätigen, wurden zunächst die Auswirkungen einer ERM-Inhibition auf die Zellmorphologie untersucht. Zur Störung der ERM-Proteine wurden Expressionsvektoren für die C-terminale bzw. N-terminale Domäne von Ezrin in HEK293-Zellen transfiziert. Diese Domänen blockieren die Bindungsstellen der Interaktionspartner der ERM-Proteine und haben somit einen dominant-negativen Effekt auf die endogenen ERM-Proteine. Die starke Homologie von Ezrin, Radixin und Moesin, sowie die Aufgabenhomogenität, erlauben es weiterhin, alle drei ERM-Proteine durch Expression nur einer einzigen Domäne zu inhibieren. Die C-terminale bzw. N-terminale Domäne von Ezrin wurden mit GFP-fusioniert und in HEK293-Zellen eingebracht [161]. Nach einer Inkubation von 24 h wurden die transfizierten Zellen fluoreszenzmikroskopisch analysiert (Abbildung 47). Die Inhibition der ERM-Proteine führt zu einem ähnlichen Phänotyp wie die Expression der BDLF2- und BMRF2-Proteine. Zellen, die die C-terminale Domäne von Ezrin exprimieren (Abbildung 47 B), zeigen die Bildung langer Ausläufer. Kontrollzellen, die nur GFP exprimieren (Abbildung 47 A), zeigen keine Ausläufer. Die Transfektion der N-terminalen Domäne von Ezrin führt zu dem gleichen Effekt (nicht gezeigt). Die Inhibition

Ergebnisse

der ERM-Proteine ist also ausreichend um die BDLF2/BMRF2-induzierten morphologischen Veränderungen zu induzieren.

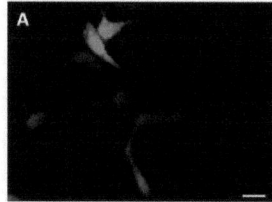 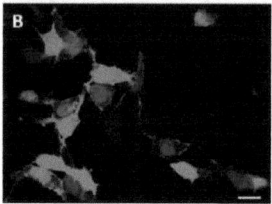

Abbildung 47: Morphologische Veränderungen durch Expression von C-terminalen Ezrin in HEK293-Zellen. HEK293-Zellen wurden mit einem EGFP-Leervektor (A) oder einem Expressionsvektor für den GFP-markierten C-Terminus von Ezrin transfiziert (B) und nach 24 h mit Hilfe des *Opera*-Systems fluoreszenzmikroskopisch analysiert (2.2.1.5; 2.2.1.6). Der Maßstabsbalken zeigt 20 µm an.

Da die ERM-Proteine eindeutig an den morphologischen Veränderungen beteiligt sind, die durch die Expression des BDLF2/BMRF2-Komplexes ausgelöst werden, sollte untersucht werden, wie die Modulation der Proteine durch den viralen Komplex erfolgt.
Zunächst wurde eine mögliche direkte Interaktion zwischen dem viralen Proteinkomplex und den ERM-Proteinen analysiert. Dafür wurden Vektoren konstruiert, die die Expression von Ezrin, Radixin, Moesin und als Kontrolle Merlin in Fusion zu dem Fluoreszenzfarbstoff mCherry ermöglichen. Die offenen Leserahmen von Ezrin, Radixin, Moesin und Merlin wurden mittels PCR amplifiziert und in die *Nhe*I/*Not*I-Region des Vektors pmCherry-Not kloniert, was zur Fusion der ERM-Proteine bzw. Merlin jeweils an den C-Terminus des mCherry führt. Die so konstruierten Vektoren wurden als pmCherry-Ezrin, -Radixin, -Moesin bzw. -Merlin bezeichnet (Abbildung A 9). Zur Überprüfung ihrer Funktionalität wurden sie in HEK293-Zellen transfiziert und die Lokalisation der Proteine innerhalb der Zellen untersucht (Abbildung 48). MCherry-Ezrin, -Radixin, -Moesin und -Merlin lokalisieren hauptsächlich an der Zellmembran. Membranbereiche, die moduliert werden, z. B. durch Bildung von Filopodien, zeigten verstärkte ERM/Merlin-Lokalisation. Die Fusionsproteine lokalisieren dementsprechend wie die zellulären ERM/Merlin-Proteine. Anschließend wurde untersucht, ob die Fusionsproteine, wie die endogenen Proteine, phosphoryliert werden. Dazu wurden erneut HEK293-Zellen mit den Vektoren pmCherry-Ezrin, -Radixin bzw. -Moesin transfiziert. Die Zellen wurden 24 h nach Transfektion lysiert und die phosphorylierten ERM-Proteine mittels Western Blot nachgewiesen. Neben den zellulären ERM-Protein-Banden konnte eine weitere Bande phosphorylierten mCherry-

Ergebnisse

Ezrin/-Radixin/-Moesin nachgewiesen werden (nicht gezeigt). Die mCherry-Fusionsproteine zeigen demnach vollständige Funktionalität.

Zur Untersuchung des Einflusses des BDLF2/BMRF2-Komplexes auf die ERM-Proteine wurden die mCherry-Expressionsvektoren zusammen mit GFP-BDLF2/GFP-BMRF2-Expressionsvektoren in HEK293-Zellen transfiziert. Nach 24h wurden die Zellen mittels Fluoreszenzmikroskopie analysiert. Wie in Abbildung 48 zu sehen ist, lokalisieren die mCherry-Fusionsproteine von Ezrin, Radixin, Moesin und Merlin in den BDLF2/BMRF2-exprimierenden wie in Kontrollzellen. Eine Veränderung der Lokalisation von Ezrin/Radixin/Moesin/Merlin durch den BDLF2/BMRF2-Komplex konnte somit nicht beobachtet werden. Die viralen Proteine kolokalisieren jedoch mit den mCherry-Fusionsproteinen an der Zellmembran und in den induzierten Ausläufern (Abbildung 48, Pfeile).

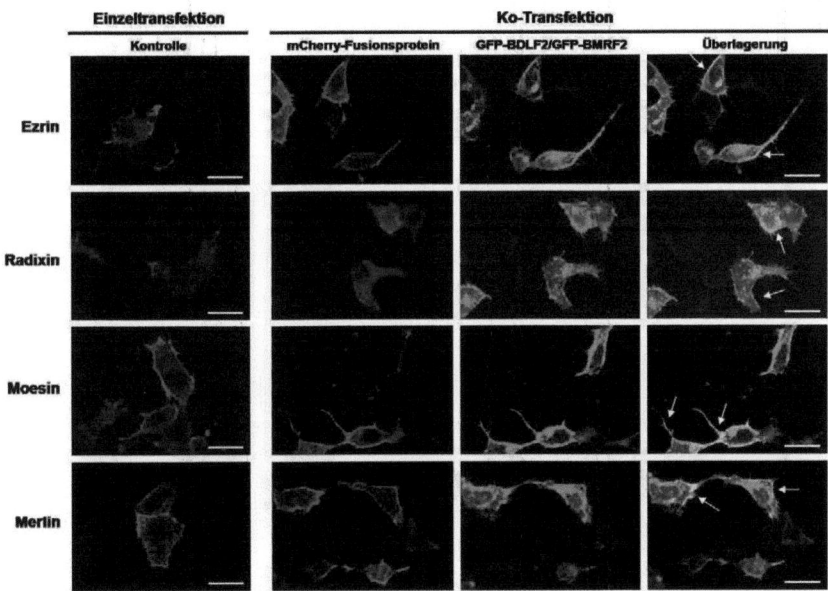

Abbildung 48: Lokalisation von mCherry-Ezrin/-Radixin/-Moesin/-Merlin in BDLF2/BMRF2-exprimierenden Zellen. HEK293-Zellen wurden mit Expressionsvektoren für mCherry-Ezrin, -Radixin, -Moesin oder -Merlin (rot) allein oder zusammen mit pEGFP-C2-BDLF2 und pEGFP-C2-BMRF2 (grün) transfiziert (2.2.1.5). Nach 24 h erfolgte die fluoreszenzmikroskopische Analyse unter Verwendung des *Opera*-Systems (2.2.1.6). Der Maßstabsbalken zeigt 20 µm an.

Die Kolokalisation des BDLF2/BMRF2-Komplexes mit den ERM-Proteinen legt eine direkte Interaktion zwischen den viralen und zellulären Proteinen nahe. Um diese Hypothese

Ergebnisse

zu prüfen, wurde eine Ko-Immunpräzipitation durchgeführt. Dafür wurden HEK293-Zellen mit GFP-BDLF2/mCherry-BMRF2-Expressionsvektoren transfiziert. Nach 24 h wurde der virale Proteinkomplex mit Hilfe eines anti-GFP-Antikörpers aus dem Zelllysat isoliert. Anschließend sollten die ERM-Proteine mittels Western Blot im Präzipitat nachgewiesen werden. Es konnte jedoch keines der ERM-Proteine im Präzipitat detektiert werden (nicht gezeigt), was eine direkte Interaktion des BDLF2/BMRF2-Komplexes mit den ERM-Proteinen nahezu ausschließt. Daher wurde angenommen, dass BDLF2 und BMRF2 die Regulation der ERM-Proteine indirekt beeinflussen.

ERM-Proteine werden hauptsächlich durch ROCK, Phosphatidylinositol(4,5)bisphosphat (PIP_2) und Proteinkinase C (PKC) aktiviert. Die Aktivität von ROCK wurde bereits untersucht und wird nicht durch den BDLF2/BMRF2-Komplex verändert (3.5.1). Die Aktivität von PIP_2 wurde durch Lokalisationsstudien analysiert. Dazu wurde der Vektor pRFP-PH{PLCδ} verwendet. Er ermöglicht die Lokalisation von PIP_2 durch Expression der PH-Domäne von PLCδ, die spezifisch PIP_2 bindet, in Fusion zu dem roten Fluoreszenzfarbstoff RFP.

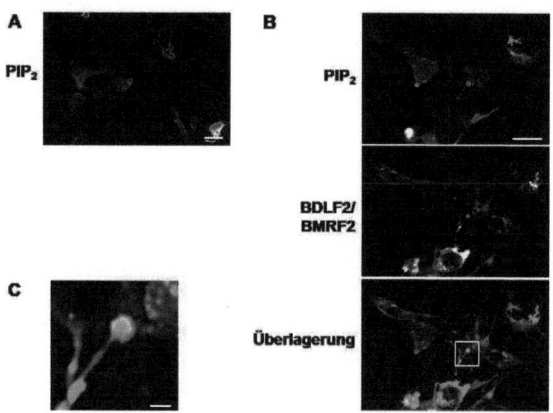

Abbildung 49: Lokalisation von PIP_2 in BDLF2/BMRF2-exprimierenden Zellen. HEK293-Zellen wurden mit einem Expressionsvektor für die PIP_2-bindende Domäne von PLCδ fusioniert an RFP (rot; 2.1.4.18) allein (A) oder zusammen mit pEGFP-C2-BDLF2 und pEGFP-C2-BMRF2 (B) transfiziert. Nach 24 h wurden die Ansätze fluoreszenzmikroskopisch mit Hilfe des *Opera*-Systems untersucht (2.2.1.6). Der Maßstabsbalken zeigt 20 µm an. C) Detail aus B); der Maßstabsbalken zeigt 2 µm an.

HEK293-Zellen wurden mit dem Plasmid pRFP-PH{PLCδ} allein oder zusammen mit Expressionsvektoren für EGFP-BDLF2 und EGFP-BMRF2 transfiziert. Nach 24 h erfolgte die fluoreszenzmikroskopische Analyse. PIP_2 konnte an der Membran von BDLF2/BMRF2-

Ergebnisse

exprimierenden und Kontrollzellen detektiert werden (Abbildung 49 B und A). Interessanterweise konnte keine Kolokalisation des BDLF2/BMRF2-Komplexes mit PIP_2 beobachtet werden, obwohl beide an der Plasmamembran lokalisieren (Abbildung 49 B und C).

Um zu Überprüfen ob das Fehlen von PIP_2 an den Membranstellen, an denen BDLF2/BMRF2 lokalisiert sind, durch den Proteinkomplex hervorgerufen wird, wurde die Lokalisation der Phosphatidylinositol-4-Phosphat-5-Kinase (PI4P5K) untersucht. PI4P5K produziert PIP_2 spezifisch an den Membranbereichen, an denen es benötigt wird. Für die Untersuchung wurden HEK293-Zellen mit dem mCherry-BDLF2/BMRF2-Expressionsvektor transfiziert. Nach 24 h wurde die PI4P5K mittels Immunfluoreszenz in den transfizierten und Kontrollzellen nachgewiesen. Die Kinase ist sowohl in Kontrollzellen als auch in BDLF2/BMRF2-exprimierenden Zellen diffus im Zytoplasma verteilt (Abbildung 50). Die Lokalisation ändert sich nicht durch das Vorhandensein des viralen Proteinkomplexes. Auch konnte keine Kolokalisation des BDLF2/BMRF2-Komplexes, der hauptsächlich an der Zellmembran vorkommt, und der PI4P5K beobachtet werden. Ein Einfluss von BDLF2 und BMRF2 auf die PI4P5K und auf PIP_2 wurde aufgrund dieser Ergebnisse ausgeschlossen.

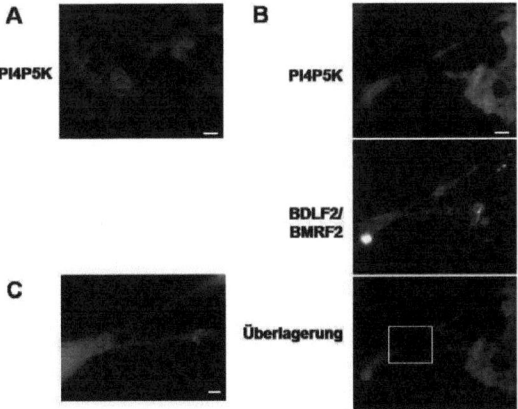

Abbildung 50: Lokalisation der Phosphatidylinositol-4-Phosphat-5-Kinase (PI4P5K) in BDLF2/BMRF2-exprimierenden Zellen. HEK293-Zellen wurden mit einem Expressionsvektor für mCherry-BDLF2/mCherry-BMRF2 transfiziert (2.2.1.5). Nach 24 h erfolgte der Nachweis von PI4P5K (grün) in diesen Zellen (B) und in untransfizierten Kontrollzellen (A) mittels Immunfluoreszenztest (2.2.3.12). Der Maßstabsbalken zeigt 20 µm an. C) Detail von B); der Maßstabsbalken zeigt 5 µm.

Ergebnisse

Ein weiterer Aktivator der ERM-Proteine ist Proteinkinase C (PKC). Für mehrere Isoformen wurde bereits beschrieben, dass sie ERM-Proteine phosphorylieren. In dieser Arbeit wurde PKCα getestet. Die Aktivität von PKCα wurde durch Quantifizierung der phosphorylierten Form mittels Western Blot untersucht. Dafür wurde eine BDLF2/BMRF2-Transfektionskinetik von HEK293-Zellen verwendet. Wie in Abbildung 51 zu sehen ist, verändert sich die Aktivität von PKCα in BDLF2/BMRF2-exprimierenden Zellen nicht. Das Verhältnis der phosphorylierter Form von PKCα zu GAPDH ist zu allen untersuchten Zeitpunkten gleich.

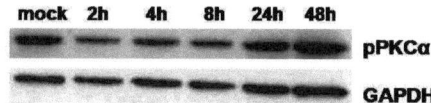

Abbildung 51: Untersuchung der PKC-Phosphorylierung in BDLF2/BMRF2-exprimierenden Zellen.
HEK293-Zellen wurden mit einem mCherry-BDLF2/mCherry-BMRF2-Expressionsvektor transfiziert bzw. kontrolltransfiziert (mock; 2.2.1.5). Nach 2h, 4h, 8h, 24h und 48h wurden die Zellen lysiert und zum Nachweis der phosphorylierten Form der Proteinkinase C α (PKCα) mittels Western Blot verwendet (2.2.3.10). Der Nachweis von GAPDH in den Proben diente als Beladungskontrolle.

3.5.3 Interaktion des BDLF2/BMRF2-Komplex mit PKCα

Der BDLF2/BMRF2-Komplex beeinflusst die Aktivität von PKCα nicht. Die Tatsache, dass BMRF2 durch eine zelluläre Kinase phosphoryliert wird, legte jedoch die Vermutung einer Interaktion zwischen BDLF2/BMRF2 und PKCα nahe. Um diese zu bestätigen, wurden HEK293-Zellen mit Expressionsvektoren für EGFP-BDLF2 und mCherry-BMRF2 transfiziert, nach 24h lysiert und für eine Immunpräzipitation mit einem anti-GFP- oder einem anti-PKCα-Antikörper verwendet. Die Präzipitate wurden anschließend auf das Vorhandensein von PKCα bzw. GFP-BDLF2 mittels Western Blot untersucht. PKCα konnte mit BDLF2 ko-immunpräzipitiert werden (Abbildung 52 A). Auch umgekehrt konnte BDLF2 im Präzipitat nach PKCα-Immunpräzipitation nachgewiesen werden. Die Proteine können also miteinander interagieren.

Es stellte sich die Frage, ob diese Interaktion einen Einfluss auf die Regulation der ERM-Aktivität besitzt. Zur Beantwortung dieser Frage wurde die Bindung von PKCα an die ERM-Proteine mit und ohne BDLF2/BMRF2-Expression untersucht. Dafür wurden HEK293-Zellen mit Expressionsvektoren für EGFP-BDLF2 und mCherry-BMRF2 oder dem Leervektor transfiziert. Nach 24h wurden die Zellen für eine Immunpräzipitation mit einem anti-PKCα-Antikörper verwendet. Mit Hilfe eines Western Blot wurde die Menge an ERM-Proteinen in den Präzipitaten quantifiziert. Die Menge PKCα-gebundenen ERM ist in

Ergebnisse

den Präzipitaten BDLF2/BMRF2-exprimierender Zellen deutlich geringer als in Kontrollzellen (Abbildung 52 B). Dieser Effekt ist nicht auf Unterschiede in der ERM-Expression in beiden Zelltypen zurückzuführen. Die Menge ERM in den Lysaten ist gleich. Eine verringerte PKCα-Assoziation in BDLF2/BMRF2-positiven Zellen konnte auch für die phosphorylierten Formen der ERM-Proteine beobachtet werden (nicht gezeigt).

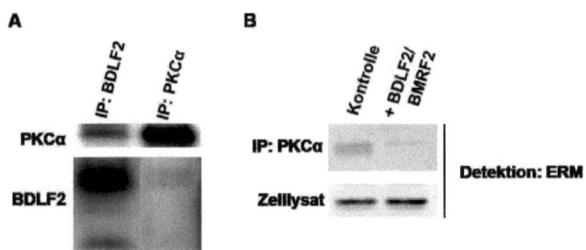

Abbildung 52: Ko-Immunpräzipitation von PKCα und dem BDLF2/BMRF2-Komplex bzw. Ezrin/Radixin/Moesin (ERM). HEK293-Zellen wurden mit Expressionsvektoren für EGFP-BDLF2 und mCherry-BMRF2 transfiziert (2.2.1.6). Nach 24 h wurden die Zellen für Ko-Immunpräzipitationen verwendet (2.2.3.5). A) Nachweis von BDLF2 und PKCα nach Immunpräzipitation von BDLF2 bzw. PKCα mittels Western Blot (2.2.3.10). B) Nachweis von Ezrin/Radixin/Moesin aus PKCα-Immunpräzipitaten und Zelllysaten von Kontrollzellen und BDLF2/BMRF2-exprimierenden Zellen mittels Western Blot (2.2.3.10).

Der BDLF2/BMRF2-Komplex assoziiert demnach mit PKCα, wodurch die Interaktion mit den ERM-Proteinen gestört wird. Diese Assoziation sollte näher untersucht werden. Dazu wurde ein PKCα-spezifischer Immunfluoreszenztest von Kontrollzellen und pmCherry-BDLF2-BMRF2-transfizierten Zellen 24h nach Transfektion durchgeführt. Dabei wurde sowohl die phosphorylierte Form als auch PKCα-Gesamtprotein nachgewiesen. Die phosphorylierte Form von PKCα konnte in der gesamten Zelle detektiert werden (Abbildung 53 A), wobei sie in der Nähe des Zellkerns akkumulierte. Diese Lokalisation änderte sich durch die Expression des BDLF2/BMRF2-Komplexes nicht. Es konnte kaum Kolokalisation von pPKCα und BDLF2/BMRF2 in den transfizierten Zellen beobachtet werden. Allerdings enthielten, die durch BDLF2/BMRF2-Expression gebildeten Zellausläufer neben den viralen Proteinen auch phospho-PKCα (Abbildung 53 A, Pfeile). Gesamt-PKCα zeigte eine diffusere Verteilung innerhalb des Zytoplasma (Abbildung 53 B), die sich ebenfalls nicht durch BDLF2/BMRF2-Expression änderte. Auch hier konnten Akkumulationen in Zellkernnähe detektiert werden, wo auch Kolokalisation mit dem BDLF2/BMRF2-Komplex beobachtet wurde. Im Gegensatz zur phosphorylierten Form, wurde das Gesamtprotein nur teilweise in den BDLF2/BMRF2-induzierten Ausläufern beobachtet. In BDLF2/BMRF2-exprimierenden Zellen wurde offensichtlich, dass PKCα nicht bis an die

Zytoplasmamembran gelangt. Die rote Fluoreszenz des BDLF2/BMRF2-Komplex konnte häufig als Rahmen um die durch PKC-Färbung grünen Zellen beobachtet werden (Abbildung 53 B, Pfeile).

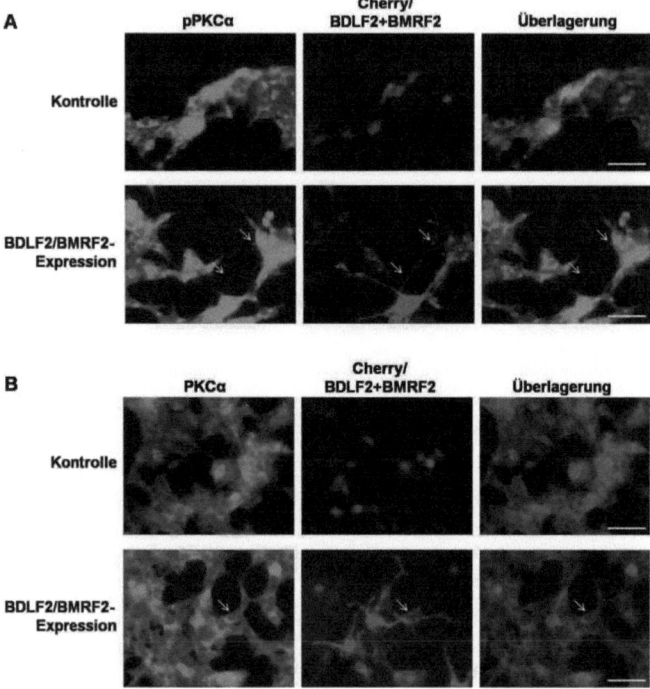

Abbildung 53: Immunfluoreszenznachweis von (phosphorylierter) PKCα in BDLF2/BMRF2-exprimierenden Zellen. HEK293-Zellen wurden mit einem mCherry-BDLF2/mCherry-BMRF2 Expressionsvektor oder einem mCherry-Leervektor (Kontrolle) transfiziert (2.2.1.5). Nach 24 h erfolgte der Nachweis von phospho-PKCα (A) oder gesamt-PKCα (B) (beide grün) mittels Immunfluoreszenztest (2.2.3.12). Die Pfeile deuten auf pPKCα innerhalb der BDLF2/BMRF2-induzierten Zellausläufer (A) bzw. auf das Fehlen von PKCα an der Zellmembran (B). Der Maßstabsbalken zeigt 50 µm an.

3.5.4 Analyse von BDLF2/BMRF2 und PKCα in primären Epithelzellen

Die bisherigen Ergebnisse wurden in der immortalisierten Epithelzelllinie HEK293 erzielt. Diese Zellen repräsentieren die physiologischen Bedingungen jedoch nicht. Um zu untersuchen, ob die zellulären Modulationen durch den BDLF2/BMRF2 auch in der *in vivo*-Situation eine Rolle spielen könnten, wurden ausgewählte Experimente mit primären Epithelzellen aus Zunge und Tonsillen wiederholt.

Ergebnisse

Zunächst wurde untersucht, ob der BDLF2/BMRF2-Komplex die Morphologie dieser Zellen verändert. Dazu wurden primäre Zungen- und Tonsillenepithelzellen mit Expressionsvektoren für mCherry-BDLF2 und EGFP-BMRF2 transfiziert. Nach 24h wurde die Zellmorphologie mittels Fluoreszenzmikroskopie analysiert. Abbildung 54 zeigt, dass die Expression von BDLF2 und BMRF2 auch in primären Epithelzellen zu morphologischen Veränderungen führte. Nach Transfektion mit dem pEGFP-Leervektor zeigten die Zellen eine kompakte, runde Form. BDLF2/BMRF2-exprimierende Zellen besaßen oft eine schmale Morphologie und bilden Zellausläufer, die das Mehrfache der Länge des Zellkörpers lang werden konnten. Die Häufigkeit, mit der solche Veränderungen in primären Epithelzellen auftritt, war deutlich geringer verglichen mit Experimenten in HEK293-Zellen, dennoch trat dieser Phänotyp nur in BDLF2/BMRF2-exprimierenden Epithelzellen aus Tonsillen und Zunge auf und nicht in Kontrollzellen.

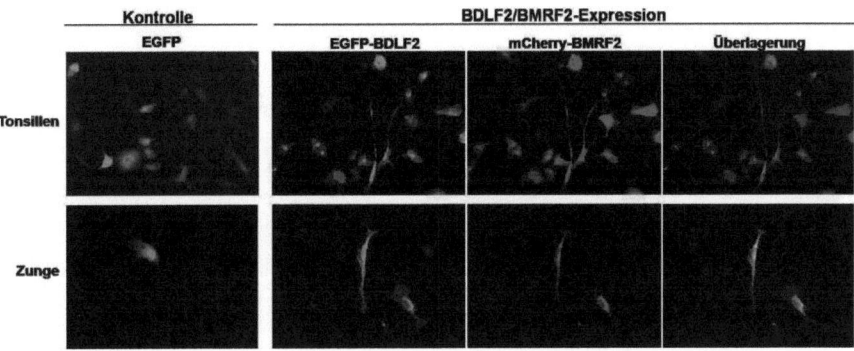

Abbildung 54: Expression des BDLF2/BMRF2-Komplex in primären Epithelzellen. Primäre Tonsillen- und Zungenepithel-Zellen wurden mit Expressionsvektoren für EGFP-BDLF2 und mCherry-BMRF2 oder einem EGFP-Leervektor transfiziert und nach 24 h fluoreszenzmikroskopisch analysiert (2.2.1.5; 2.2.1.6).

Als nächstes wurde geklärt, ob dieser Phänotyp in den primären Epithelzellen auf eine Interaktion des BDLF2/BMRF2-Komplex mit PKCα zurückzuführen ist. Dafür wurden primäre Epithelzellen aus Tonsillen und Zunge mit EGFP-BDLF2- und mCherry-BMRF2-Expressionsvektoren transfiziert und nach 24h für eine Ko-Immunpräzipitation verwendet. Diese erfolgte sowohl mit einem GFP-spezifischen Antikörper (gegen GFP-BDLF2) als auch einem mCherry-spezifischen Antikörper (gegen mCherry-BMRF2). Mit Hilfe eines Western Blots wurden BMRF2 und PKCα aus den Zelllysaten und den Immunpräzipitaten erfolgreich nachgewiesen (Abbildung 55). Die Interaktion zwischen BDLF2 und BMRF2 wurde demnach sowohl in den primären Tonsillen- als auch in den Zungenepithelzellen

Ergebnisse

gezeigt. Die Transfektionsrate in den Zungenzellen war sehr gering, daher wurde BMRF2 im Lysat und in den Präzipitaten nur sehr schwach detektiert. Die Bindung von PKCα an den BDLF2/BMRF2-Komplexes wurde ebenfalls in beiden primären Zelltypen bestätigt (Abbildung 55, untere Reihe).

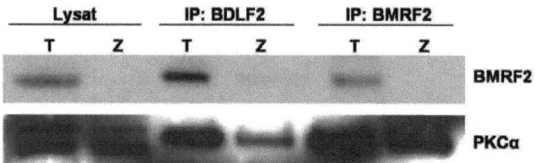

Abbildung 55: Nachweis der Interaktion zwischen BDLF2/BMRF2 und PKCα. Primäre Epithelzellen aus Tonsillen (T) und Zunge (Z) wurden mit Expressionsvektoren für EGFP-BDLF2 und mCherry-BMRF2 transfiziert (2.2.1.5). Nach 24 h erfolgte eine Immunpräzipitation von BDLF2 bzw. BMRF2 mit einem anti-GFP- bzw. anti-DsRed-Antikörper (2.2.3.5). Aus den verwendeten Zelllysaten und den gewonnenen Immunpräzipitaten wurden BMRF2 und PKCα mittels Western Blot unter Verwendung spezifischer Antikörper nachgewiesen (2.2.3.10).

3.5.5 Regulation RhoA-unabhängiger Signalwege

In den voran gegangenen Kapiteln ist gezeigt worden, dass der BDLF2/BMRF2-Komplex Einfluss auf die Regulation zellulärer Signalwege nehmen kann. Es konnte die Modulation eines Signalmoleküls stromabwärts der RhoA-GTPase gezeigt werden. Neben RhoA sind auch Rac1 und Cdc42 kleine GTPasen, die an der Regulation des Aktinzytoskeletts beteiligt sind. Um den Einfluss dieser GTPasen an den durch BDLF2/BMRF2-induzierten Zellveränderungen auszuschließen, wurde die Expression von Rac1 und Cdc42 in einer HEK293-Transfektionskinetik untersucht. Die Zellen wurden dafür mit mCherry-BDLF2- und EGFP-BMRF2-Expressionsvektoren transfiziert und nach unterschiedlichen Zeitpunkten lysiert. Die Menge an Rac1 und Cdc42 scheint in BDLF2/BMRF2-exprimierenden Zellen ab 8h nach Transfektion leicht anzusteigen (Abbildung 56). Dieser Effekt ist bei Rac1 stärker als bei Cdc42. Die ansteigende Proteinmenge sagt jedoch nichts über die Aktivität der Proteine aus. Um diese zu untersuchen wurde die Aktivität der p21-aktivierten Kinasen 1 und 2 (PAK) untersucht, die direkte Effektoren von Rac1 und Cdc42 darstellen. Es wurde erneut eine BDLF2/BMRF2-Transfektionskinetik von HEK293-Zellen verwendet um mittels Western Blot die phosphorylierte Form von PAK1/2 nachzuweisen. Allerdings war in keiner der Proben der Phosphorylierungsgrad der PAKs für einen Nachweis ausreichend (nicht gezeigt). HEK293-Zellen, die vor der Zelllyse mit dem Phosphatase-Inhibitor Calyculin A behandelt wurden, zeigten starke PAK1/2-

Phosphorylierung. Daher ist anzunehmen, dass die Grundaktivität von PAK 1 und 2 in HEK293-Zellen gering ist und nicht durch die Expression von BDLF2 und BMRF2 verstärkt wird. Ein Einfluss des BDLF2/BMRF2-Komplexes auf die Aktivität von Rac1 und Cdc42 wurde somit nicht gezeigt.

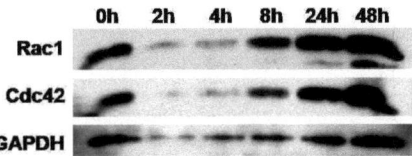

Abbildung 56: Expression von Rac1 und Cdc42 in BDLF2/BMRF2-exprimierenden Zellen. HEK293-Zellen wurden mit mCherry-BDLF2- und EGFP-BMRF2-Expressionsvektoren transfiziert und nach 0h, 2h, 4h, 8h, 24h und 48h zum Nachweis van Rac1 und Cdc42 mittels Western Blot verwendet (2.2.1.5; 2.2.3.10). Der Nachweis von GAPDH diente als Beladungskontrolle.

BDLF2 und BMRF2 beeinflussen Aktin-Zytoskelett-regulierende Signalmoleküle. Das schließt die Modulation anderer wichtiger zellulärer Signalwege nicht aus. Es sollte der Einfluss von BDLF2/BMRF2 auf die Apoptose untersucht werden. Dazu wurde Caspase-8 in BDLF2/BMRF2-exprimierenden HEK293-Zellen zu unterschiedlichen Zeitpunkten nach Transfektion mittels Western Blot untersucht. Caspase-8 stellt den Anfang der Caspase-Kaskade dar und wird durch die Bindung verschiedener extrazellulärer Liganden an die entsprechenden Rezeptoren aktiviert. Wie Abbildung 57 zeigt, führt die Expression des BDLF2/BMRF2-Komplexes nicht zu einer verstärkten Spaltung von Caspase-8. In keinem der Ansätze konnte das aktive Spaltprodukt p18 nachgewiesen werden.

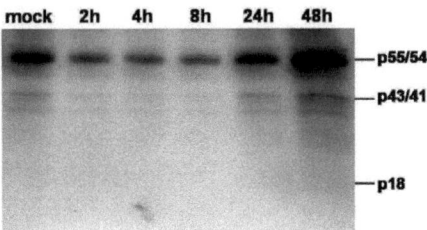

Abbildung 57: Spaltung der Caspase-8 in BDLF2/BMRF2-exprimierenden Zellen. HEK293-Zellen wurden mit mCherry-BDLF2- und EGFP-BMRF2-Expressionsvektoren transfiziert bzw. kontrolltransfiziert (mock; 2.2.1.5). Nach 2h, 4h, 8h, 24h und 48h wurden die Zellen lysiert (2.2.3.1) und zum Nachweis der Caspase-8-Spaltprodukte p55/54, p43/41' und p18 mittels Western Blot verwendet (2.2.3.10).

Ein weiterer wichtiger Signalweg in humanen Zellen, ist der NF-κB-Weg. NF-κB ist ein Transkriptionsfaktor, der die Expression verschiedener Gene, von z. B. Zytokinen und

Ergebnisse

Chemokinen, deren Rezeptoren, Adhäsionsmolekülen und Überlebensgene, reguliert. Seine Aktivität kann unter anderem durch den Phosphorylierungsgrad eines seiner Bestandteile, p65/RelA, bestimmt werden. In HEK293-Zellen, die mit mCherry-BDLF2- und EGFP-BMRF2-Expressionsvektoren transfiziert wurden, änderte sich die Aktivität von p65 über die Zeit nicht (Abbildung 58).

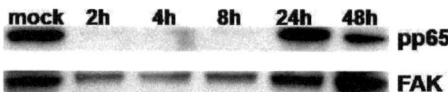

Abbildung 58: Aktivität von p65 in BDLF2/BMRF2-exprimierenden Zellen. HEK293-Zellen wurden mit mCherry-BDLF2- und EGFP-BMRF2-Expressionsvektoren transfiziert bzw. kontrolltransfiziert (mock; 2.2.1.5). Nach 2h, 4h, 8h, 24h und 48h wurden die Zellen lysiert (2.2.3.1) und zum Nachweis der phosphorylierten Form von p65 mittels Western Blot verwendet (2.2.3.10). Der Nachweis von FAK diente als Beladungskontrolle.

3.6 Die Rolle von BDLF2 und BMRF2 im Ablauf der natürlichen Infektion

Die bisher geschilderten Ergebnisse untersuchten die Bedeutung von BDLF2 und BMRF2 im unphysiologischen Zustand der Transfektion. Um BDLF2 und BMRF2 im Zusammenhang einer Virusinfektion zu untersuchen, wurden EBV-Mutanten erzeugt mit deren Hilfe der BDLF2/BMRF2-Komplex näher charakterisiert werden kann.

3.6.1 Erzeugung von EBV-Mutanten zur Analyse der BDLF2/BMRF2-Funktion

Um die Rolle des BDLF2/BMRF2-Komplexes bei der Infektion durch das Epstein-Barr Virus untersuchen zu können, wurden zunächst Deletionsmutanten des EBV hergestellt, die BDLF2 und BMRF2 nicht mehr exprimieren. Dazu wurde das BAC-Mutagenese-System nach Messerle (1997) und Delecluse (1998) genutzt [166, 167]. Bei diesem Mutageneseprotokoll wird ein artifizielles Bakterienchromosom (BAC) verwendet, das das EBV-Genom aus B95-8-Zellen enthält, einen Anteil des bakteriellen F-Plasmids sowie eine GFP-Expressionskassette. Dadurch werden die Replikation, der Erhalt und die Weitergabe des BACs in *E. coli* gewährleistet und das BAC kann in *E. coli* gezielt verändert werden. Es wird anschließend in die humane Zelllinie HEK293 eingebracht. Diese Zellen unterstützen den lytischen Zyklus des EBV und sind dadurch in der Lage Mutanten-Viruspartikel zu produzieren.

Die einzufügende Mutation in den BDLF2-Leserahmen war eine zusätzliche Sequenz (5'-CTAGCTAGCTAGAATTCTAGCTAGCTAG-3'), die für drei Stop-Codons kodiert, je

Ergebnisse

eins pro Leserahmen, und die Basen TGACGGT (Position 132350-132356 des B95-8-Genoms) ersetzten sollte. Zur Herstellung einer BDLF2⁻-BAC-Mutante wurde zunächst der 4385 bp-große mutierte BDLF2-Bereich des Plasmids pcDNA-BDLF2-StopA mit Hilfe der Restriktionsenzyme *Mlu*I und *Bam*HI in den Vektor pSK-Mlu kloniert, wodurch der Vektor pSK-BDLF2-StopA erzeugt wurde. Dieser bildete den *Shuttle*-Vektor für die folgende BAC-Mutagenese, bei der die Mutation im BDLF2-Leserahmen das pSK-Derivats durch homologe Rekombination in das BAC und damit in das EBV-Genom eingebracht wurde. *E. coli* DH10B-Zellen, die bereits das EBV-BAC enthielten, wurden mit dem *Shuttle*-Plasmid transformiert. Eine Erhöhung der Inkubationstemperatur positiver Transformanten induzierte die homologe Rekombination von *Shuttle*-Plasmid und EBV-BAC. Das pSK-kodierte repTS-Protein inhibiert die Replikation des Vektors bei höheren Temperaturen. Damit das Plasmid erhalten bleiben konnte, musste es zur Bildung von Kointegraten kommen. An diesem Prozess war auch das pSK-kodierte Protein recA beteiligt. Das folgende Absenken der Temperatur und das Fehlen des Selektionsdrucks für den *Shuttle*-Vektor, ermöglichten ein zweites Rekombinationsereignis, bei dem sich das Kointegrat auflöste. Das pSK-Plasmid trägt zusätzlich einen negativen Selektionsmarker: Eine Levansucrase-Expressionskassette, die Sensitivität gegen Sucrose vermittelt, wodurch diese toxisch wirkt. Eine abschließende Inkubation in Sucrose-haltigem Medium selektierte daher auf Bakterien, die den Shuttle-Vektor verloren hatten.

Diese Methode induziert zwei Rekombinationsereignisse zwischen *Shuttle*-Plasmid und EBV-BAC. Treten beide an derselben Stelle stromauf- oder abwärts der einzubringenden Mutation auf, so kommt es nicht zum Austausch genetischen Materials. Tritt jedoch das erste Rekombinsationsereignis stromaufwärts und das zweite stromabwärts der Mutation auf (oder umgekehrt), so wird der mutierte Bereich in das EBV-BAC eingebracht und eine Mutante entsteht.

Im Rahmen dieser Arbeit wurde auf diese Weise ein ΔBDLF2-EBV-BAC erzeugt, bei dem der BDLF2-Leserahmen so mutiert ist, dass es nicht zur Bildung des BDLF2-Proteins kommt. Die Bestätigung der Mutation erfolgte nach präparativer BAC-Isolation aus *E.coli*-Zellen, Restriktion mit *Eco*RI, Agarose-Gelelektrophorese und Southern Blot mit BDLF2-spezifischer Sonde.

Bereits nach der Gelelektrophorese (Abbildung 59 A), konnte ein verändertes Bandenmuster detektiert werden. Die in den BDLF2-Leserahmen eingefügte Stop-Sequenz enthält eine zusätzliche *Eco*RI-Erkennungssequenz, dadurch wird das ~ 11.800 bp lange BDLF2-

Fragment des Wildtyps in ein ~ 4.800 bp und ein ~ 7.000 bp langes Fragment unterteilt. Es ist zu erkennen, dass u. a. der Klon 21 kein 11.800 bp-Fragment, dafür aber ein zusätzliches 4.800 bp-Fragment besitzt. Abbildung 59 B zeigt das Ergebnis des BDLF2-spezifischen Southern Blots. Klone 8-10, 18 und 21 zeigen ein deutlich kleineres BDLF2-Produkt als der Wildtyp und sind damit die Produkte einer erfolgreichen BAC-Mutagenese (ΔBDLF2-BAC).

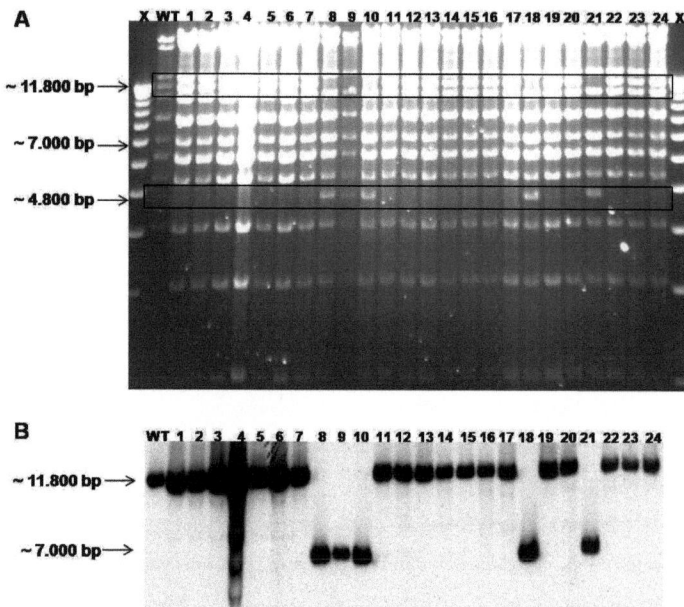

Abbildung 59: Nachweis von ΔBDLF2-EBV-BAC-Klonen mittels Agarose-Gelelektrophorese (A) und Southern Blot (B). Die BAC-DNA verschiedener Klone nach Mutagenese des EBV-BACs wurde isoliert (2.2.2.5) und mittels *Eco*RI-Restriktion fragmentiert und aufgetrennt (A; 2.2.2.13; 2.2.2.11). Im Anschluss erfolgte der Nachweis der BDLF2-Mutation mittels Southern Blot und einer BDLF2-spezifischen Sonde (B; 2.2.2.22). Die Sonde weist ein Wildtypfragment mit einer Größe von ~ 11.800 bp, das mutierte Fragment ist ~ 7.000 bp groß. WT: Wildtyp-EBV-BAC; X: Längenstandard

Die im Folgenden verwendete BMRF2-Deletionsmutante (ΔBMRF2-BAC/-EBV), bei der der BMRF2-Leserahmen aus dem EBV-Genom entfernt wurde, wurde freundlicherweise von Prof. Delecluse (DKFZ, Heidelberg) zur Verfügung gestellt.

Neben diesen Deletionsmutanten sollte eine weitere EBV-Mutante hergestellt werden, die die Lokalisation der Proteine BDLF2 und BMRF2 während der Infektion durch das EBV ermöglicht. Dazu sollten die Proteine mit den Fluoreszenzfarbstoffen mCherry und BFP (blau-fluoreszierendes Protein) markiert werden. Dies war zum einen nötig, da keine

BDLF2-spezifischen Antikörper zur Verfügung standen und zum anderen könnte die beschriebene EBV-Mutante die Lokalisation der Proteine in lebenden Zellen ermöglichen. Für die Fusion des BDLF2 mit mCherry wurde zunächst der Vektor pcDNA-BDLF2 um die Sequenzen für die Restriktionsstellen *Not*I und *Eco*RI stromaufwärts des BDLF2-Leserahmens erweitert (pcDNA-BLDF2-NE, Abbildung A 10). Ein PCR-Produkt des mCherry-Leserahmen wurde in die *Not*I/*Eco*RI-Region von pcDNA-BDLF2-NE eingebracht, wodurch das Plasmid pcDNA-Cherry-BDLF2 entstand (Abbildung A 10). Durch Restriktion mit den Enzyme *Mlu*I und *Bam*HI wurde der mCherry-BDLF2-Bereich in den Vektor pSK-Mlu kloniert. Der so entstandene *Shuttle*-Vektor pSK-Cherry-BDLF2 (Abbildung A 10) wurde für die BAC-Mutagenese verwendet, bei der ein Cherry-BDLF2-BAC entstand, das einen mCherry-Leserahmen stromaufwärts von BDLF2 (an Position 132.390/132.391 des B95-8-Genoms) trägt.

Zur Mutagenese der BMRF2-Region wurde zunächst ein Klonierungsvektor konstruiert. Dazu wurde das Cosmid 161 mit *Nde*I geschnitten. Das 5012bp-Fragment, das den BMRF2-Bereich enthält, wurde in die *Nde*I-Stelle eines religierten pcDNA3.1/V5-His-TOPO eingebracht. Der so entstandene Vektor pcDNA-BMRF2 (Abbildung A 11) wurde um Schnittstellen für *Cla*I und *Hpa*I stromaufwärts des BMRF2-Leserahmens erweitert. In die *Cla*I/*Hpa*I-Stelle des so konstruierten Vektors pcDNA-BMRF2-CH (Abbildung A 11) wurde der BFP-Leserahmen nach Amplifikation mittels PCR eingebracht, wodurch das Plasmid pcDNA-BFP-BMRF2 erzeugt wurde (Abbildung A 11). Die BFP-BMRF2-Region wurde mittels Restriktion mit *Sac*I und *Mlu*I in den Vektor pSK-MluI kloniert. Das Plasmid pSK-BFP-BMRF2 (Abbildung A 11) diente anschließend als *Shuttle*-Vektor für eine BAC-Mutagenese, bei der das Cherry-BDLF2-BAC als Ausgangskonstrukt verwendet wurde. Bei dieser Mutagenese wurde erfolgreich das Cherry-BFP-EBV-BAC erzeugt, bei dem der BFP-Leserahmen an Position 81.117/ 81.118 des EBV B95-8-Genoms eingefügt wurde.

Zur Produktion von mutierten EBV-Partikeln wurden alle erzeugten BAC-Derivate stabil in HEK293-Zellen eingebracht. Der lytische Zyklus und damit die Virusproduktion wurde durch Transfektion der 293-BAC-Zellen mit den Vektoren pCMVZ und pRA, die Zta bzw. gp110 kodieren, induziert. Nach drei Tagen konnte der Virus-haltige Zellüberstand abgenommen und für Infektionsstudien verwendet werden.

3.6.2 Charakterisierung der erzeugten EBV-Mutanten

Zur Analyse der Genfunktionen von BDLF2 und BMRF2 wurden Infektionsstudien mit den EBV-Mutanten durchgeführt. Primäre humane B-Lymphozyten und Monozyten wurden

Ergebnisse

isoliert und mit den beschriebenen ΔBDLF2-, ΔBMRF2- und Cherry-BFP-EBV-Mutanten, sowie rekombinanten Wildtyp-EBV (WT) infiziert. Es wurde die gleiche Menge aller rekombinanten EBVs verwendet (Abbildung 60 A). Nach 3, 6 und 9 Tagen erfolgte die Analyse.

Zunächst wurde die Zahl der von infizierten B-Zellen und Monozyten produzierten Viren bestimmt. Dazu wurde DNA aus den Überständen der infizierten Zellen isoliert. Mittels *Real-Time PCR* mit einem *Light Cycler* wurde die Menge viraler DNA quantifiziert. Der Nachweis erfolgte mit BRLF1-spezifischen Hybridisierungssonden und einem Standardplasmid, das die Berechnung der Genomäquivalente/ml ermöglichte. Die Deletion des BDLF2- oder BMRF2-Leserahmens hatte keinen Einfluss auf die Zahl der Virusnachkommen. Sowohl in B-Lymphozyten (Abbildung 60 B) als auch in Monozyten (Abbildung 60 C) entsprach die Menge der nach Infektion mit den EBV-Mutanten nachgewiesenen Genomäquivalenten/ml Überstand zu allen Analysezeitpunkten der Größenordnung, die durch den Wildtyp (WT) gebildet wurde. Die Deletion von BDLF2 oder BMRF2 hat offensichtlich keinen Einfluss auf die Virusproduktion.

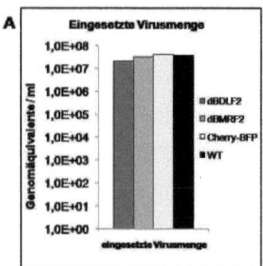

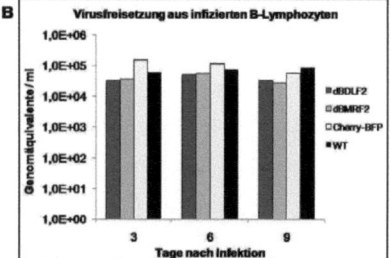 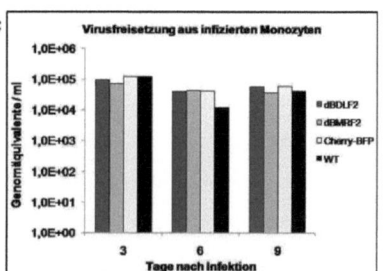

Abbildung 60: Quantifizierung von EBV-DNA in Überständen infizierter Zellen. Primäre B-Lymphozyten (B) und Monozyten (C) wurden mit gleicher Menge rekombinantem dBDLF2-, dBMRF2-, Cherry-BFP- bzw. Wildtyp (WT)-EBV infiziert (2.2.1.9). Nach 3, 6 und 9 Tagen erfolgte der Nachweis freigesetzter Viren aus dem Überstand der infizierten Zellen. Dazu wurde DNA aus dem Zellüberstand gewonnen und mittels *RealTime-PCR* quantifiziert (2.2.2.1; 2.2.2.9.2). (A) Die Quantifizierung der eingesetzten Virusmengen erfolgte auf gleiche Weise.

Neben der Virusproduktion sollte die Replikation der rekombinanten Viren in den infizierten Zellen untersucht werden. Für diesen Zweck wurde aus den infizierten B-Lymphozyten und Monozyten nach 3, 6, und 9 Tagen DNA isoliert. Diese wurde zur Quantifizierung viraler DNA und genomischer/zellulärer DNA verwendet. Dazu wurde eine *Real-Time PCR* mit dem *Light Cycler* und BRLF1- bzw. GAPDH-spezifischen Sonden durchgeführt. Die Menge viraler DNA innerhalb der infizierten Zellen wurde anschließend auf die Menge zellulärer DNA normalisiert. Dafür wurde folgende Formel verwendet, wobei Cp den *Crossing Point* darstellt:

$$\frac{2^{(40-Cp_{[BRLF1]})}}{2^{(40-Cp_{[GAPDH]})}}$$

Die so normalisierten Werte konnten schließlich verglichen werden (Abbildung 61). Die ΔBDLF2- und ΔBMRF2-EBV-Mutanten zeigen in allen Ansätzen reduzierte Virusreplikation im Vergleich zum Wildtyp (Abbildung 61). Dabei scheint der Effekt einer BMRF2-Deletion stärker zu sein als der einer BDLF2-Deletion. Auch die Cherry-BFP-Mutante, die BDLF2 und BMRF2 exprimiert, bildet in B-Lymphozyten (Abbildung 61 A) weniger virale DNA als der Wildtyp. In Monozyten (Abbildung 61 B) entspricht die Menge gebildeter Cherry-BFP-Virusgenome/Zelle bis 6 Tage nach Infektion der des Wildtypen. An Tag 9 entspricht die Menge allerdings nur noch circa einem Drittel der Menge des Wildtyps. Dieser Effekt konnte jedoch nicht in allen durchgeführten Experimenten reproduziert werden.

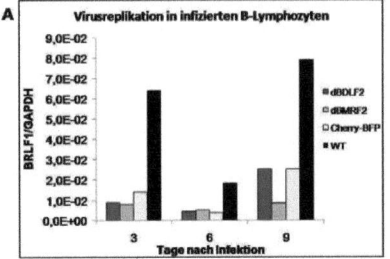 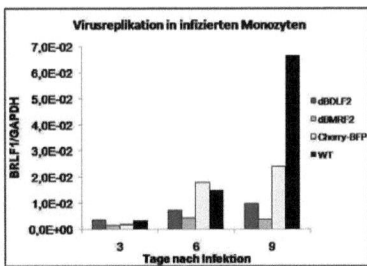

Abbildung 61: Quantifizierung von EBV- Replikation in infizierten Zellen. Primäre B-Lymphozyten (A) und Monozyten (B) wurden mit gleicher Menge rekombinantem dBDLF2-, dBMRF2-, Cherry-BFP- bzw. Wildtyp (WT)-EBV infiziert (2.2.1.9). Nach 3, 6 und 9 Tagen erfolgte der Nachweis von EBV-DNA in den infizierten Zellen mittels *RealTime-PCR* (2.2.2.1; 2.2.2.9.2). Die ermittelte Kopienzahl wurde auf die Kopienzahl des zellulären Gens GAPDH normalisiert.

Ergebnisse

Zur weiteren Charakterisierung der EBV-Mutanten, wurde anschließend die Expression verschiedener lytischer und latenter viraler Gene untersucht. Primäre B-Lymphozyten wurden mit rekombinantem ΔBDLF2-, ΔBMRF2-, Cherry-BFP- bzw. WT-EBV infiziert und 2 bzw. 5 Tage inkubiert. Anschließend wurde die RNA der infizierten Zellen isoliert und daraus cDNA synthetisiert. Der Expressionsnachweis erfolgte mittels PCR. Dafür wurden die viralen Gene BZLF1, BRLF1, BMRF1 und BHRF1 des lytischen Zyklus und LMP1, LMP2, EBNA1, -2, -3A, -3B und -3C der Latenz ausgewählt. Das Expressionsmuster aller Viren war gleich. In allen Infektionsansätzen wurde die Expression aller untersuchten Gene nachgewiesen. Ein Einfluss der BDLF2- bzw. BMRF2-Deletion auf die Expression viraler Gene wurde nicht detektiert.

BDLF2 und BMRF2 induzieren nach Transfektion morphologische Veränderungen der exprimierenden Zellen. Aus diesem Grund wurde untersucht, ob BDLF2 und BMRF2 diese Funktion auch während der Infektion durch EBV besitzen. Dazu wurden HEK293-Zellen mit rekombinantem ΔBDLF2-, ΔBMRF2-, Cherry-BFP- bzw. WT-EBV infiziert. Nach 3 Tagen wurden die Zellen fluoreszenzmikroskopisch untersucht. Die in das EBV-Genom integrierte GFP-Expressionskassette ermöglichte dabei die direkte Identifizierung infizierter Zellen. Die Infektionsraten der HEK293-Zellen waren erwartungsgemäß gering. Trotzdem zeigten die Zellen, die mit WT- oder Cherry-BFP-EBV infiziert wurden vereinzelt morphologische Veränderungen, die denen nach Transfektion von BDLF2 und BMRF2 ähneln (Abbildung 62 A bzw. B, Pfeile zeigen die Zellausläufer). Die Häufigkeit, mit der dieser Phänotyp beobachtet wurde, ist allerdings im Vergleich zu transfizierten Zellen geringer. Bei den Zellen, die mit den BDLF2- bzw. BMRF2-Deletionsmutanten von EBV infiziert wurden, wurden solche langen, teilweise verzweigten Zellausläufer nie beobachtet (nicht gezeigt).

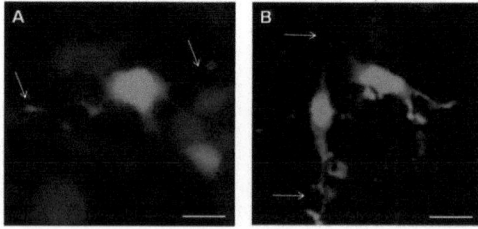

Abbildung 62: Infektion von HEK293-Zellen mit rekombinantem EBV. HEK293-Zellen wurden mit rekombinantem Wildtyp-EBV (A) bzw. Cherry-BFP-EBV (B) infiziert (2.2.1.9). Nach 3 Tagen wurden die

Ergebnisse

Zellen fluoreszenzmikroskopisch analysiert (2.2.1.6). Pfeile weisen auf gebildete Zellausläufer. Der Maßstabsbalken zeigt 20 µm an.

Die so mit dem Cherry-BFP-EBV infizierten HEK293-Zellen wurden anschließend fluoreszenzmikroskopisch auf die Expression von mCherry-BDLF2 und BFP-BMRF2 untersucht. Es wurde jedoch keine spezifische Fluoreszenz detektiert. Analysen der Cherry-BFP-EBV-produzierenden HEK293-Zellen ergaben, dass die mRNAs für mCherry-BDLF2 bzw. BFP-BMRF2 vollständig vorhanden waren. Im Western Blot wurden die Proteine nur schwach und auch nur im Anschluß an eine Immunpräzipitation nachgewiesen (nicht gezeigt). Demnach werden die Proteine in Fusion mit den Fluoreszenzfarbstoffen gebildet, die Menge scheint jedoch unter der Nachweisgrenze der Fluoreszenzmikroskopie zu liegen.

4. Diskussion

Die viralen Glykoproteine BDLF2 und BMRF2 sind bisher nicht ausreichend charakterisiert worden und über ihre Funktion ist wenig bekannt. Beide Proteine stellen Strukturproteine der viralen Hülle dar, die einen Komplex an der Zytoplasmamembran bilden. Für BMRF2 wurde bereits gezeigt, dass es an der Bindung von EBV an Epithelzellen beteiligt ist. Der Komplex aus BDLF2 und BMRF2 induziert in Epithelzellen morphologische Veränderungen. Wie die Expression und Aktivität der Proteine reguliert werden und welche Funktionen sie im Einzelnen erfüllen ist bislang jedoch unbekannt.

4.1 Regulation der BDLF2/BMRF2-Aktivität

4.1.1 Regulation der Transkription

BDLF2 und BMRF2 gehören zu den späten Genen, da sie als Teil der Virushülle Strukturproteine darstellen, die während des lytischen Zyklus exprimiert werden. Erste BDLF2-Transkripte können dabei bereits acht Stunden nach Infektion bzw. Induktion des lytischen Zyklus nachgewiesen werden. Die Transkription vieler verzögert frühen und späten Gene wird durch die viralen Aktivatoren Zta, kodiert durch BZLF1, und Rta (BRLF1) induziert. Zta und Rta sind Transkriptionsfaktoren des Epstein-Barr Virus, die an dem Wechsel von der viralen Latenz zum lytischen Zyklus bzw. der Etablierung der Primärinfektion entscheidend beteiligt sind. Beide Faktoren können einzeln den produktiven, lytischen Zyklus einleiten [168-170]. Jedoch müssen beide Faktoren gleichzeitig vorhanden sein um das lytische Programm zu vollenden [171].

Zta gehört zur Familie der *basic leucine zipper* (bZIP) der Transkriptionsfaktoren und besitzt Sequenzähnlichkeiten mit den zellulären Proteinen C/EBP, Fos und Jun (AP-1) [172, 173]. Zta kann direkt an DNA binden und so u. a. seinen eigenen Promotor und den BRLF1-Promotor aktivieren. Es bindet dabei sowohl an C/EBP- und AP-1-Konsensussequenzen, die auf der DNA u. a. im BZLF1-Promotor, in Promotoren früher lytischer Gene und dem *c-fos*-Promotor vorkommen, als auch an eine spezifische, eigene Erkennungssequenz, das *Zta response elements* (ZRE) [174, 175]. Die AP-1-Stellen im BZLF1-Promotor werden außerdem durch die zellulären Proteine Jun und Fos erkannt, die die Expression von BZLF1 im Rahmen der lytischen EBV-Aktivierung durch exogene Stimuli wie z. B. TPA (12-*O*-tetradecanoyl-phorbol-13-Acetat) induzieren.

Diskussion

Auch Rta ist ein sequenzspezifischer Transkriptionsaktivator, der den eigenen Promotor und zelltypabhängig den BZLF1-Promotor aktivieren kann. Rta erkennt *Rta response elements* (RREs) auf der DNA, über die einige Gene aktiviert werden. Andere Gene werden durch indirekte Mechanismen aktiviert. Mitogen-aktivierte (MAP-) Kinasen und Phosphinositol-Kinasen werden durch BRLF1 aktiviert. Diese aktivieren wiederum ATF2, das an Zp bindet und dadurch die Expression von BZLF1, dem Zta-kodierenden Gen, induziert. Rta allein ist für die Aktivierung der späten lytischen EBV-kodierten Gene BaRF1 und BMLF1 verantwortlich [176]. Im Zusammenspiel mit Zta werden außerdem die EBV-kodierten Gene BHRF1 und BMRF1 aktiviert. Rta interagiert wie Zta mit dem TATA *binding protein*, TFIID und dem CREB *binding protein* [177]. Die Interaktion mit CBP ist möglicherweise für die Aktivierung einiger Promotoren, u. a. des BMLF1-Promotors, verantwortlich [178]. Rta bindet das Retinoblastom-Proteinen (pRb), wodurch E2F freigesetzt wird, das wiederum an der Aktivierung einiger Promotoren, u. a. des BALF5-Promotors, beteiligt ist [179, 180].

Für BMRF2 konnte gezeigt werden, dass die Expression von Zta keinen Einfluss auf die Expression eines Reportergens mit BMRF2-Promotor hat. Die Behandlung transfizierter Zellen mit TPA konnte die transkriptionelle Aktivität jedoch auf das zehnfache steigern. Verschiedene funktionale Bereiche innerhalb der Promotorregion ließen den Schluss zu, dass der BMRF2-Promotor durch zelluläre Faktoren, wie Sp1, reguliert wird und das die Regulation zelltyp-abhängig sein könnte. So wurde in Epithelzellen eine deutlich höhere Grundaktivität beobachtet als in B-Lymphozyten [181].

Zta und Rta sind *immediate early* Proteine und haben zusammenfassend entscheidenden Einfluss auf die Transkription viraler und zellulärer Gene während des lytischen Zyklus. Sie aktivieren die lytischen und hemmen die für die Latenz verantwortlichen Gene.

In dieser Arbeit wurde der Einfluss von Zta und Rta auf die Transkription von BDLF2 untersucht. Dazu wurden verschiedene Fragmente des BDLF2-Promotors (50 bp, 200 bp, 400 bp, 600 bp und Volllänge von 1.200 bp) in einen GFP-Reportgenvektor eingebracht und mit Zta und/oder Rta in Zellen (ko-)exprimiert. Mittels FACS-Analyse wurde der Einfluss von Zta und Rta auf die GFP-Expression quantifiziert. Die verschiedenen Promotorverkürzungen zeigten verschiedene Wirkungen von Zta und Rta auf die Expression des GFP-Reportergens.

Während beispielsweise die Aktivität des 600 bp-Promotorbereich durch Expression von Rta um 45 % verringert wurde, zeigt die 400 bp-Region nur eine Inhibition von max. 20 %. Die 50 bp-Verkürzung des Promotors wird durch Zta sogar aktiviert. Insgesamt kann aber

Diskussion

festgestellt werden, dass die Aktivität des BDLF2-Promotors durch Expression von Zta und Rta negativ beeinflusst wird. Dabei scheint es mehrere Zta/Rta-regulierte Bereiche innerhalb des Promotors zu geben.

Zur Identifizierung von Zta- oder Rta-Bindestellen wurden 10 bp-große Mutationen in das 50 bp-Promotorfragment eingefügt. Lagen die Mutationen im Bereich 20-30 bp bzw. 30-40 bp vor dem ATG, zeigten die Fragmente erhöhte Grundaktivität, sowie verringerte Rta- oder Zta-Sensitivität verglichen mit dem Wildtyp-Bereich. Dieser Bereich scheint demnach wichtig für die Regulation des Promotors durch Zta und Rta zu sein. Eine *in silico*-Analyse des 50bp-Promotorbereichs mit dem Programm *PROMO* zeigte verschiedene Bindestellen für zelluläre Transkriptionsfaktoren, wie C/EBPalpha, Pax-6 und andere (Abbildung 63). Interessanterweise werden für den Bereich 28-36 bp vor dem ATG keine Bindestellen zellulärer Faktoren vorhergesagt. Dieser Bereich ähnelt jedoch stark einem bekannten *Zta response element* (ZRE) mit der Sequenz TGAGCCA (Abbildung 63, grau hinterlegter Bereich) [182].

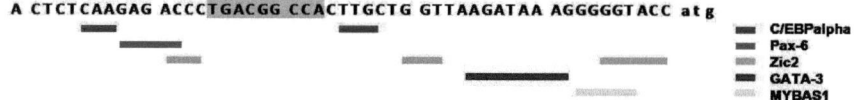

Abbildung 63: Transkriptionsfaktorvorhersage des 50 bp-BDLF2-Promotorbereichs. Mit Hilfe des Programms *PROMO* (http://alggen.lsi.upc.es/cgi-bin/promo_v3/promo/promoinit.cgi?dirDB=TF_8.3) wurde der Bereich des BDLF2-Promotors 50 bp vor dem ATG auf das Vorhandensein von Konsensusequenzen zellulärer Transkriptionsfaktoren untersucht. Die Darstellung zeigt nur eine Auswahl der gefundenen Sequenzen. Der grau hinterlegte Bereich der BDLF2-Promotorsequenz zeigt Ähnlichkeit mit einem *Zta response element*.

Die vorliegende Arbeit zeigt, dass Zta und Rta hemmend auf den BDLF2-Promotor wirken. In der Regel wird für beide Transkriptionsfaktoren eine Transkriptions-aktivierende Wirkung beschrieben. Für Zta konnte allerdings bereits gezeigt werden, dass es durch Promotor-Bindung die Transkription von CIITA hemmt, dem Hauptregulator der MHC-II-Expression [182]. Dadurch und durch zusätzliche indirekte Inhibitionsmechanismen, wie Bindung und Inaktivierung des Transkriptionsfaktors CREB, der durch CIITA aktiviert wird, verringert Zta deutlich die Expression der Antigen-präsentierenden Moleküle MHC-II. Die Auswirkungen liegen in einer verminderten Antigenpräsentation und dem damit einhergehenden Schutz infizierter Zellen vor zytotoxischen T-Zellen während des viralen lytischen Zyklus. Auch Rta besitzt immunmodulatorische Funktionen, die sich durch

Diskussion

Transkriptionshemmung äußern. So haben die Interferon-regulierenden Faktoren (IRF) 3 und 7 verringerte Transkriptions- und Proteinlevel in Rta-exprimierenden Zellen [183].
Betrachtet man den gesamten Promotorbereich, bleibt jedoch ein indirekter Einfluss von Zta und Rta auf die BDLF2-Expression wahrscheinlicher. So enthält der BDLF2-Promotor potentielle Bindungsstellen für STAT-1 und Retinolsäure-Rezeptoren im Bereich zwischen -100 und -250 vor dem Transkriptionsstart. Diese könnten Grundlage der indirekten Repression der Aktivität des BDLF2-Promotors durch Zta sein, so wie es bei der JAK/STAT-Weg-abhängigen Regulation des latenten Promotors Qp durch Zta beschrieben wurde. Der Promotor Qp, der während der Latenz aktiv und für die Expression von EBNA-1 verantwortlich ist, wird durch Zta reprimiert. Dies geschieht zum einen durch direkte Bindung von Zta an die Promotorsequenz, zum anderen durch Inhibition des JAK/STAT-Signaltransduktionsweges, der zur Aktivierung des Q-Promotors führt. Die Inhibition des JAK/STAT-Weges erfolgt indirekt, indem Zta p53 stabilisiert [184]. p53 kann die DNA-Bindungsaktivität der STATs maskieren und so den JAK/STAT-Weg stören [185]. Ein ähnlicher Mechanismus könnte auch für die Modulation der BDLF2-Expression durch Zta und Rta verantwortlich sein.

4.1.2 Regulation durch posttranskriptionale Modifikation

Die Glykosylierung von Proteinen ist wichtig für die korrekte Faltung neu synthetisierter Proteine, für Protein-Protein-Interaktionen, die Halbwertszeit von Rezeptoren an der Membran und für die Funktionalität des glykosylierten Proteins [186]. Glykosylierungsmuster dirigieren Proteine zu ihrem Bestimmungsort innerhalb der Zelle und können vor Proteolyse schützen [187, 188]. Im Falle viraler Hüllproteine schützt die Glykosylierung außerdem vor einer Immunantwort des Wirts gegen die Polypeptidkette.

Proteine können *N*- und *O*-glykosyliert werden. *N*-Glykosylierung erfolgt hauptsächlich an einem Asparaginrest, der Teil der Aminosäuresequenz Asparagin – X – Serin/Threonin ist, wobei X jede Aminosäure außer Prolin sein kann. Die Glykosylierung von Proteinen findet ko-/posttranslational im Endoplasmatischen Retikulum (ER) und im Golgi-Apparat statt. Im ER wird zunächst ein Zuckerkern bestehend aus Glukose-, Mannose- und N-Acetylglukosaminresten ($Glc_3Man_9GlcNAc_2$) auf das Protein übertragen und anschließend prozessiert. Die Prozessierung verlängert die Retentionszeit des Proteins im ER und ermöglicht die Interaktion der Proteine mit Chaperonen, die die korrekte Faltung des Proteins sicherstellen [189]. Im *cis*-Golgi-Apparat kann ein Abbau α1–2-verknüpfter Mannosereste erfolgen. Anschließende Prozessierungsschritte in *medial*- und *trans*-Golgi,

Diskussion

die durch Ab- und Anbau verschiedener Zuckerreste (u. a. auch Siacylsäure, Fucose, Galaktose) gekennzeichnet sind, entstehen sogenannte hybride bzw. komplexe Glykane (Abbildung 64). Findet kein Abbau von Mannoseresten im *cis*-Golgi statt, entstehen Oligomannose-Glykane ($Man_{5-9}GlcNAc_2$, Abbildung 64). Jede Reaktion des gesamten Prozesses wird durch ein anderes Enzym katalysiert. Je nach Zelltyp, Zuckervorrat und enzymatischer Ausstattung nimmt die Zuckerstruktur eine andere Form an [189].

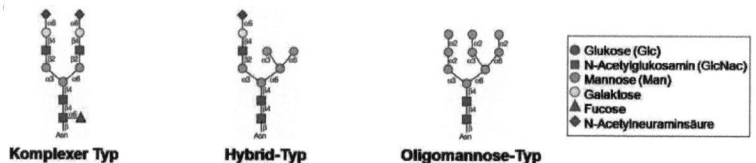

Abbildung 64: Ergebnis der N-Glykansynthese. Verändert nach Stanley *et al.* [189]. Je nach Syntheseweg entstehen Glykane vom komplexen, Hybrid- oder Oligomannosetyp. Sie unterscheiden sich in Zahl und Zusammensetzung der angefügten Zucker.

Für BDLF2 konnte bereits von Gore *et al.* (2009) gezeigt werden, dass mehrere der vorhergesagten *N*-verbundenen Glykosylierungsstellen tatsächlich modifiziert werden [63]. Die Autoren beschrieben weiterhin eine Abhängigkeit des Glykosylierungsmuster von der Expression des BMRF2-Proteins. Nach Behandlung der Proteine mit Endoglykosidase H, das Oligomannose-Glykane abschneidet, und PNGase F, das alle Glykan-Typen entfernt, konnten im Falle von einzeln exprimierten BDLF2 keine Endoglykosidase H-resistenten Glykosylierungen beobachtet werden. Daher scheint BDLF2 in diesem Fall nur mit Glykanen vom Oligomannose-Typ modifiziert worden zu sein. Nach Koexpression von BMRF2, konnten die Autoren Endoglykosidase H-resistente und nicht resistente Glykosylierungen beobachten, was auf Modifikationen des Hybrid-Typs (bzw. aller Typen) hindeutet. Die Autoren schlussfolgerten, dass diese Beobachtung darauf zurück zu führen ist, dass BDLF2 ohne Vorhandensein von BMRF2 nicht den Golgi-Apparat erreicht und es somit nicht zu Glykosylierungsmustern des komplexen oder hybriden Typs kommen kann.

In der vorliegenden Arbeit konnten die Ergebnisse von Gore *et al.* (2009) nur teilweise bestätigt werden. Es konnte gezeigt werden, dass BDLF2 durch *N*-Glykosylierungen modifiziert wird. Die Behandlung des Proteins mit PNGase F reduzierte sein Molekulargewicht erheblich, die Behandlung mit Endoglykosidase H jedoch nur minimal. Um die Glykosylierungsstruktur weiter zu charakterisieren wurde ein weiteres Enzym, α1-2,3-Mannosidase, verwendet. Dabei handelt es sich um eine Exoglykosidase die endständige Mannosereste aus α1-2- oder α1-3-Verbindungen entfernt. Die Deglykosylierung von

Diskussion

BDLF2 mit α1-2,3-Mannosidase veränderte das Molekulargewicht fast unmerklich. Diese Ergebnisse sprechen dafür, dass BDLF2 vorwiegend mit *N*-Glykanen des komplexen und Hybrid-Typs modifiziert wird. Oligomannose-Glykane konnten nicht detektiert werden. Diese bestehen zu einem großen Teil aus α1-2- oder α1-3-verknüpften Mannoseresten und hätten durch die verwendete Mannosidase oder Endoglykosidase H abgebaut werden müssen, was sich in einer deutlichen Änderung des BDLF2-Molekulargewichts gezeigt hätte. Diese Unterschiede zu den Ergebnissen von Gore *et al.* (2009) können auf die Wahl des Zellsystems zurück zu führen sein. Die Autoren verwendeten vor allem Affen-Zelllinien [63]. Bei der einzigen verwendeten humanen Zelllinie Akata konnte auch nur eine minimale Reduktion des Molekulargewichts von BDLF2 nach Endoglykosidase H-Behandlung beobachtet werden. In der hier vorliegenden Arbeit wurden ausschließlich humane Zelllinien verwendet. Sowohl B- als auch Epithelzellen zeigten dabei die gleichen Ergebnisse bezüglich des Glykosylierungsstatus von BDLF2. Obwohl die Glykosylierungsabläufe in Mammalia-Zellen im Prinzip gleich sind, gibt es doch einige Unterschiede. Bereits 1998 konnten Karainova *et al.* zeigen, dass sich das Glykosylierungsmuster des VSV G-Proteins in verschiedenen Zelllinien unterscheidet. Diese Unterschiede waren hauptsächlich auf die Aktivität eines Enzyms zurückzuführen, dass zwar in allen Zellen vorkam, aber nicht in gleichem Ausmaß an der Modifikation des G-Proteins beteiligt war [190]. Solche Bevorzugungen einzelner Syntheseschritte gegenüber anderen, können auch im Falle des BDLF2-Proteins zu den unterschiedlichen beschriebenen Ergebnissen geführt haben.

Neben dem Glykosylierungsmuster von BDLF2 in verschiedenen Zellen wurde in dieser Arbeit auch die Abhängigkeit der Glykosylierung von der BMRF2-Expression untersucht. Die *N*-Glykanmodifikation von BDLF2 änderte sich durch gleichzeitige Expression von BMRF2 nicht. In beiden verwendeten Zelllinien und nach Behandlung mit drei verschiedenen Glykosidasen zeigten sich die gleichen Molekulargewichte von BDLF2 mit und ohne BMRF2. Zwar beschreiben Gore *et al.* (2009) eine Abhängigkeit der BDLF2-Glykosylierung von BMRF2, allerdings sind die dargestellten Ergebnisse verwirrend [63]. Die Autoren zeigen, dass die Behandlung mit Endoglykosidase H oder PNGase F von singulär exprimiertem BDLF2 erwartungsgemäß dessen Molekulargewicht reduziert. Durch Deglykosylierung von BDLF2 nach Koexpression mit BMRF2 entsteht jedoch ein größeres BDLF2-Produkt als vor der Deglykosylierung. Die Autoren gehen auf dieses Phänomen nicht ein. Die formulierten Schlussfolgerungen müssen demnach mit Vorsicht interpretiert werden.

Diskussion

Auch BMRF2 ist ein EBV-kodiertes Glykoprotein. Modrow *et al.* (1992) haben gezeigt, dass es durch *O*-verknüpfte Glykosylierungen modifiziert wird [62]. Die Autoren schlossen *N*-Glykosylierungen aufgrund der Aminosäuresequenz aus. Diese These konnte in der vorliegenden Arbeit bestätigt werden. Es wurde keine Veränderung des Molekulargewichts von BMRF2 nach Glykosidasebehandlung detektiert. Die vermutete Abwesenheit von *N*-Glykosylierungen konnte demnach bestätigt werden.

Für virale Glykoproteine spielt die Glykosylierung nicht nur eine wichtige Rolle für die korrekte Faltung und Funktionalität des Proteins. Viele Viren schützen sich durch die Glykanstruktur vor dem Immunsystem. So scheint die Abschirmung antigener Stellen durch Glykosylierung einer der Mechanismen zu sein, die den Antigendrift des Influenza A Virus H3N2 bewirken. Die Glykane lassen eine Hülle entstehen, die die Erkennung und Bindung durch Antikörper verhindert [191]. Wurden zusätzliche Glykosylierungsstellen in die Sequenz des Hämagglutinins eingebracht, zeigte sich eine verstärkte Resistenz gegen HA-spezifische Antikörper. Dabei waren die Fähigkeit des HA zur Zellfusion nicht beeinträchtigt [192]. Je nach Lokalisation der eingefügten Glykosylierunsstelle zeigte sich jedoch eine verringerte Rezeptorbindung. Die Oberflächenproteine E1 und E2 des Hepatitis C Virus besitzen eine Reihe von Glykosylierungsmotiven. Die Mutation einzelner oder mehrerer dieser Motive und damit der Verlust der Glykosylierungen beeinträchtigt Faltung und Heterodimerbildung der Proteine oder verstärkt die Antikörper-vermittelte Erkennung der entsprechenden Epitope [193]. Glykosylierung wurden bei vielen Viren als wichtige Modifikation für eine funktionale Rezeptorbindung und Schutz vor angeborener und erworbener Immunantwort identifiziert.

Neben Glykosylierungen sind Phosphorylierungen eine weitere wichtige posttranslationale Modifikation. In der Zelle finden eine Vielzahl von koordinierten Phosphorylierungs- und Dephosphorylierungsschritte statt, die verschiedene Prozesse wie Proteinbiosynthese, Zellteilung und -wachstum, den Zellzyklus und die Signalweiterleitung regulieren [194, 195]. Die Bindung von Wachstumsfaktoren an ihre Rezeptoren bewirkt z. B. deren Aktivierung als Proteinkinase. Dabei erfolgt zunächst eine Autophosphorylierung, die für die Aktivierung der Proteinsubstrate und die Translokation des Rezeptors von entscheidender Bedeutung ist [196, 197].

Für BDLF2 und BMRF2 wurden mit Hilfe des Programms *NetPhos 2.0* (http://www.cbs.dtu.dk/services/NetPhos/) verschiedene Aminosäurereste vorhergesagt, die durch Phosphorylierung modifizert werden könnten. Um zu überprüfen ob BDLF2 und

Diskussion

BMRF2 tatsächlich phosphoryliert werden, wurden die Proteine einzeln oder zusammen in humanen Zellen exprimiert, isoliert und auf das Vorhandensein von phosphorylierten Serin-, Threonin- und Tyrosinresten hin untersucht. Dabei konnte gezeigt werden, dass bei BMRF2 sowohl Serin- als auch Threonin- und Tyrosinreste phosphoryliert werden. In wieweit diese Modifikationen an der Aktivität von BMRF2 beteiligt sind, bleibt jedoch abzuwarten. Der Phosphorylierungsstatus des Proteins bleibt von der Koexpression des BDLF2-Proteins unbeeinflusst. Die Bildung eines Proteinkomplexes mit BDLF2 scheint daher bei der Phosphorylierung von BMRF2 keine Rolle zu spielen. Als mögliche Kinase, die die Phosphorylierung katalysiert, kommt auf der Basis der im Rahmen dieser Arbeit erbrachten Ergebnisse die Proteinkinase α (PKCα) in Betracht. PKCα ist eine Serin-/Threonin-Kinase, die zelluläre Prozesse, wie Proliferation, Apoptose und Zellmotilität reguliert [198]. Sie ist außerdem Teil des Signaltransduktionsnetzwerks, das die Umstrukturierung des Aktin-Zytoskeletts reguliert und das durch die Expression des BDLF2/BMRF2-Komplexes moduliert wird. PKCα ist demnach eine mögliche Verbindung zwischen dem viralen Proteinkomplex und den durch ihn beeinflussten zellulären Proteinen, auf die in Kapitel 4.3 ausführlich eingegangen wird. Die Frage nach einer Interaktion zwischen BDLF2/BMRF2 und PKCα wurde im Rahmen dieser Arbeit experimentell geklärt. Mittels Ko-Immunpräzipitation konnte gezeigt werden, dass der BDLF2/BMRF2-Komplex und PKCα miteinander interagieren. Neben der möglichen Beteiligung von PKCα muss es im Fall der Phosphorylierung von BMRF2 zusätzlich zu einer Interaktion mit einer zellulären Tyrosin-Kinase kommen, da für dieses Protein neben phosphorylierten Serin- und Threoninresten auch Tyrosin-Phosphorylierungen nachgewiesen werden konnten.

Für das BDLF2-Protein wurden in den hier durchgeführten Experimenten keine Modifikationen durch Phosphorylierung nachgewiesen. Johannsen et al. (2004) konnten in aufgereinigten EBV-Kapsiden jedoch Spuren von phosphorylierten BDLF2-Peptiden nachweisen [61]. Dabei wurden die Serinreste an Positionen 141 und 142 identifiziert. Es ist demnach möglich, dass BDLF2 durch ein virales Protein phosphoryliert wird, das in den hier beschriebenen Transfektionsversuchen fehlte. Der wahrscheinlichste Kandidat dafür ist die Serin-Threonin-Kinase BGLF4. In in vitro-Experimenten konnte gezeigt werden, dass BGLF4 neben zellulären Proteinen auch das EBV-kodierten Protein EA-D (BMRF1) phosphoryliert [199]. Ob und welche zusätzlichen Eigenschaften phosphoryliertes BDLF2 besitzt, bleibt jedoch offen.

Diskussion

Phosphorylierungen beeinflussen die Funktionalität eines Proteins auf verschiedene Weise. Sie bestimmen beispielsweise den Aktivitätszustand eines Proteins und tragen so zur Weitergabe von Signalen bei, können aber auch die Proteinlokalisation bestimmen. Das Glykoprotein gE des Varizella-Zoster Virus (VZV) wird sowohl durch die virale Serin-/Threonin-Kinase ORF47 als auch das zelluläre Protein CKII moduliert [200]. ORF47 kann sowohl die Serinreste als auch die Threoninreste eines bestimmten gE-Bereichs phosphorylieren. Die Phosphorylierung der Serinreste bewirkt die Interaktion von gE mit einem Sortierungsprotein und damit den Transport zum *trans*-Golgi-Netzwerk, wo VZV-Kapside mit dem Tegument assoziieren und ihre Hülle erhalten. Werden jedoch die Threoninreste von gE phosphoryliert, erfolgt eine Anreicherung von gE an der Plasmamembran. Im Gegensatz zu ORF47 phosphoryliert CKII hauptsächlich die Threoninreste und verschiebt somit das gE-Gleichgewicht auf die Seite der Zellmembranassoziation [200]. Diese Verschiebung hat einen starken Einfluss auf die Zell-zu-Zell-Weitergabe von VZV. Auch die Lokalisation von gB des Herpes simplex Virus 1 (HSV-1) wird durch Phosphorylierung beeinflusst. Entscheidend dabei ist die Phosphorylierung eines Threonin- und eines Tyrosinrests innerhalb einer Endozytosesignalsequenz [201]. Dabei spielt der Tyrosinrest vermutlich eine größere Rolle. Fehlen diese Phosphorylierungsstellen, kommt es zu einer verstärkten Oberflächenexpression von gB. Die durch Phosphorylierung regulierte Anreicherung von gB im Zytoplasma ist jedoch notwendig für eine effiziente Freisetzung von Virusnachkommen in Zellkultursystemen und für die Virulenz von HSV-1 *in vivo* [201].

4.2 Funktionale Domänen des BDLF2-Proteins

Bisher wurde erst eine Arbeit veröffentlicht, die BDLF2-Bereiche näher charakterisiert. In dieser Veröffentlichung von Gore *et al.* (2009) wurde gezeigt, dass es zu einer Spaltung des BDLF2-Proteins kommt [63]. Die Autoren vermuteten, dass diese Modifikation im Bereich der Aminosäure 225 stattfindet, welche sich stromabwärts der Transmembrandomäne befindet. Gore *et al.* nahmen weiterhin an, dass das N-terminale Spaltprodukt in der Membran verbleibt und mit einem weiteren Volllängen-Protein assoziiert, während der frei gewordene C-Terminus mit weiteren viralen Proteinen interagieren könnte.

In der vorliegenden Arbeit wurde die Spaltung des BDLF2-Proteins ebenfalls beobachtet. Auch die Vermutung zur Lage der Spaltstelle wurde bestätigt, da die singuläre Expression des N-Terminus (Aminosäuren 1-184) nicht zu Spaltprodukten führte. Wurde der C-

Diskussion

Terminus (AS 208-420) jedoch allein exprimiert, konnte das Spaltprodukte von circa 47 kD weiterhin nachgewiesen werden, wobei davon rund 28 kD der GFP-Markierung zuzuschreiben sind. Die Spaltung tritt bei Koexpression mit BMRF2 seltener auf, eine Beobachtung die Gore et al. nicht beschrieben haben, obwohl sich diese Folgerung auch auf Basis der in der entsprechenden Veröffentlichung dargestellten Daten aufdrängt. Diese Beobachtung ist mit der Annahme vereinbar, dass die kleineren Fragmente Abbauprodukte von, durch fehlende BMRF2-Bindung, falsch gefalteten BDLF2-Proteinen darstellen. Zwar konnten in dieser Arbeit sowohl Volllängenprotein als auch N-Terminus von BDLF2 in der Plasmamembran BDLF2/BMRF2-exprimierender Zellen nachgewiesen werden, der Anteil an N-terminalem Spaltprodukt war im Vergleich zum Vollängenprotein aber sehr gering. Eine Relevanz des N-terminalen Spaltprodukts für die Funktionalität des Komplexes an der Plasmamembran, wie sie Gore et al. vermuten, ist daher unwahrscheinlich [63]. Ein weiteres Indiz, das gegen die Theorie von Gore et al. spricht, ist die Beobachtung, dass die zytoplasmatische Koexpression von N-terminalen BDLF2 mit dem BDLF2/BMRF2-Komplex den Phänotyp der viralen Proteine unterdrückt. Falls der N-Terminus des BDLF2-Proteins nach einer Spaltung mit einem weiteren Volllängenprotein assoziiert bleiben und so zu dessen Funktionalität beitragen würde, dürfte das Auftreten von zusätzlichen N-terminalen Fragmenten nicht zum Funktionsverlust des Proteinkomplexes führen. Es wäre eher mit einer verstärkten Funktion zu rechnen, da durch Überschuss des BDLF2-N-Terminus die Bildung einer größeren Zahl von viralen Proteinkomplexen mit dem Volllängen-Protein induzieren sollte.

Die Beobachtung, dass der BDLF2-N-Terminus die Funktion des Volllängenproteins inhibiert spricht jedoch eher dafür, dass der N-Terminus die Interaktion mit zellulären Proteinen vermittelt und so zur Proteinfunktion beiträgt. Die Expression einer zusätzlichen N-terminalen Domäne würde in diesem Fall die BDLF2-Bindungsstellen an den zellulären Interaktionspartnern blockieren und so die Interaktion der zellulären Proteine mit dem BDLF2/BMRF2-Komplex und die resultierende Signalweiterleitung verhindern. Der N-Terminus von BDLF2 spielt auf Basis dieser Beobachtung eine entscheidende Rolle bei der Ausbildung der morphologischen Veränderungen durch den BDLF2/BMRF2-Komplex. Experimente mit N-terminalen Deletionsmutanten des BDLF2-Proteins unterstützen diese These. Eine BDLF2-Mutante, der die ersten 120 Aminosäuren fehlen, konnte bereits in Vorarbeiten als nicht mehr funktional identifiziert werden. Durch Untersuchung weiterer Protein-Verkürzungen konnte gezeigt werden, dass eine Deletion der ersten 100-110

Diskussion

Aminosäuren des BDLF2-Proteins die Ausbildung von Zellausläufern inhibiert. Dieser Funktionsverlust war nicht auf eine fehlende Interaktion mit BMRF2 zurück zu führen. Die verwendeten N-terminalen Verkürzungen des BDLF2-Proteins konnten alle mit BMRF2 koimmunpräzipitiert werden. Weitere Experimente machten deutlich, dass der C-Terminus für die Interaktion mit BMRF2 verantwortlich ist. So zeigten koexprimierter BDLF2-C-Terminus und BMRF2 Kolokalisation. Der N-Terminus allein kolokalisierte jedoch nicht mit BMRF2.

Diese Ergebnisse stimmen mit den Beobachtungen von Gill *et al.* (2008) überein, die die homologen Proteine gp48 und ORF58 des Murinen Herpesvirus 68 (MHV-68) untersuchten [202]. Wie BDLF2 und BMRF2 induzieren gp48, kodiert durch ORF27, und das Genprodukt von ORF58 zusammen morphologische Veränderungen der Zellmembran, die vor allem in der Ausbildung langer verzweigter Ausläufer sichtbar werden. Verkürzungen von gp48, dem BDLF2-Homolog, führten zu dem Ergebnis, dass der C-Terminus für die Interaktion von gp48 mit ORF58 verantwortlich ist und der N-Terminus für die morphologischen Veränderungen. Eine Verkürzungsmutante, die für die Aminosäuren 1-88 kodiert und so den N-Terminus und die Transmembrandomäne enthält, gelangt auch ohne die Koexpression von ORF58 an die Zytoplasmamembran und ist sogar in der Lange die Zellausläufer zu induzieren. Die Deletion N-terminaler Aminosäuren von gp48 führte hingegen zum vollständigen Verlust der Fähigkeit zur Membranveränderung [202].

Vorarbeiten mit verschiedenen N- und C-terminalen Deletionsmutanten von BDLF2, konnten keine Verkürzung identifizieren, die unabhängig von BMRF2 die Zellmembran erreicht [203]. In dieser Arbeit konnten mit Hilfe des Plasmids pIN-G zwar BDLF2-Domänen gezielt an der Zytoplasmamembran exprimiert werden. Es konnte jedoch keine Domäne identifiziert werden, die eigenständig morphologische Veränderungen der exprimierenden Zellen induziert. Interessanterweise war auch keine dieser pIN-G-BDLF2-Domänen nach Koexpression von BMRF2 in der Lage Zellausläufer zu induzieren. Der Prozess der Zellveränderung durch BDLF2/BMRF2 scheint daher deutlich komplexer zu sein als der durch gp48/ORF58 induzierte. Verantwortlich dafür könnte auch der um circa 150 Aminosäuren längere N-Terminus des BDLF2-Proteins sein, dessen Funktionalität von der Interaktion mit BMRF2 abhängig ist.

Die schrittweise N-terminale Verkürzung des BDLF2-Proteins konnte einen Bereich identifizieren, der an der Induktion der morphologischen Veränderungen beteiligt ist. Dieser Bereich, der die Aminosäuren 110-130 umfasst, konnte mit Hilfe einer *Yeast Two Hybrid-*

Diskussion

Analyse und anschließender Bestätigung mittels Ko-Immunpräzipitation als Bindestelle für das zelluläre Protein Fam35A *(family with sequence similarity 35, member A)* identifiziert werden. Das Protein selbst wird in den Datenbanken als „hypothetisches Protein LOC54537" geführt und seine Funktion ist bisher völlig unbekannt (Quelle: NCBI). Erste Untersuchungen des Proteins mit einem Antikörper gegen ein synthetisches Peptid, ergaben eine nukleäre Lokalisation (www.proteinatlas.org). In zwei von drei getesteten Zelllinien konnte auch eine Aktin-Assoziation nachgewiesen werden. Außerdem wird durch Analyse der Sequenz eine mögliche Phosphorylierung des Serin an Position 339 postuliert, was für eine Funktion als Signalprotein sprechen würde. In der, in dieser Arbeit verwendeten, Zelllinie HEK293 konnte keine Lokalisation des mCherry-markierten Fam35A-Proteins innerhalb des Nukleus beobachtet werden. Vielmehr zeigten sich Anhäufungen von Fam35A in Vesikeln innerhalb der gesamten Zelle und an der Zellmembran. Dort konnte auch teilweise Kolokalisation mit dem BDLF2/BMRF2-Komplex beobachtet werden. Die Tatsachen, dass bei starker Expression von Fam35A keine BDLF2/BMRF2-induzierten morphologischen Veränderungen beobachtet werden konnten und dass Fam35A scheinbar auch mit dem Aktin-Zytoskelett assoziiert, erlauben die Spekulation, dass der Fam35A-Signalweg am BDLF2/BMRF2-assoziierten Phänotyp beteiligt ist.

Weitere Interaktionspartner des BDLF2/BMRF2-Komplex sollten mittels Ko-Immunpräzipitation und anschließender massenspektrometrischer Analyse identifiziert werden. Dabei wurde auf Basis von zwei verschiedenen Proteinpunkten die E3 Ubiquitin-Protein Ligase als wahrscheinlicher Bindungspartner postuliert. Die ausgewählten Proteinpunkte unterschieden sich in ihrem Molekulargewicht und ihrem Isolelektrischen Punkt stark von einander. Es ist daher sehr unwahrscheinlich, dass es sich um das gleiche Protein handelte. Das Identifizierungsergebnis muss somit als Ergebnis einer Verunreinigung betrachtet werden. Die verwendete Software identifizierte die beiden Proteinpunkte jeweils mit der zweitgrößten Wahrscheinlichkeit als 6-Phosphogluconolactonase bzw. N-Acetyllactosaminid-β-1,6-N-Acetylglycosaminyl-Transferase. Der Scorewert dieser Zuordnung lag mit 38 bzw. 35 allerdings nicht mehr im signifikanten Bereich (Scorewert 56). Die 6-Phosphogluconolactonase ist ein wichtiger Bestandteil der Glukoneogenese und kann somit ebenfalls als Interaktionspartner ausgeschlossen werden. Die N-Acetyllactosaminid-β-1,6-N-Acetylglycosaminyl-Transferase ist ein verzweigendes Enzym der Glykosylierungsmaschinerie des Golgi-Apparats. Sie ist beteiligt an der Modulation der i/I-Blutgruppenantigene [204]. Eine Interaktion des

Diskussion

BDLF2/BMRF2-Komplexes mit dieser Acetylglycosaminyl-Transferase ist demnach nicht sehr wahrscheinlich, aber im Rahmen der posttranslationalen Modifikationen innerhalb des Golgi-Apparats zumindest möglich.

Bereits 2007 versuchten Calderwood und Kollegen eine Interaktionskarte von EBV-Proteinen untereinander und mit zellulären Proteinen anzulegen [205]. Dabei wurden *Yeast Two Hybrid*-Analysen zu Grunde gelegt. Für BDLF2 ergaben sich Interaktionen mit den zellulären Proteinen Tes, APOL3, LTBP4 und PSME3. Für Tes, ein *focal adhesion*-Protein, konnte bereits in Vorarbeiten gezeigt werden, dass es nicht durch BDLF2/BMRF2 reguliert wird. Eine mögliche Interaktion von BDLF2 mit APOL3, LTBP4 und PSME3 wurde nicht untersucht, aber ihre Funktionen beim Lipidmetabolismus, TGFβ-Signalweg und als Proteasomuntereinheit machen eine für die Funktion des BDLF2/BMRF2-Komplexes relevante Interaktion unwahrscheinlich.

Der BDLF2/BMRF2-Komplex ist ein Membranproteinkomplex, der durch posttranslationale Modifikationen beeinflusst wird. Die Abhängigkeit der Proteine von einander und ihr stark hydropher Charakter machen eine Analyse der Proteine und die Identifikation möglicher zellulärer Bindungspartner zu einer schwierigen Aufgabe, zumal kein kommerziell verfügbarer Antikörper gegen BDLF2 existiert.

Die in dieser Arbeit erzeugte EBV-Mutante, die ein mit mCherry-fusioniertes BDLF2-Protein und ein BFP-(blau fluoreszierendes Protein-) fusioniertes BMRF2-Protein exprimiert, könnte in Zukunft weitere Fragen beantworten. Sie ermöglicht die Lokalisation des Proteinkomplex unter Lebendzellbedinungen sowie die Immunpräzipitation der beiden Proteine aus infizierten Zellen. Erste Experimente mit dieser Mutante ergaben, dass die eingefügten Leserahmen der Fluoreszenzproteine keine Auswirkungen auf den EBV-Zyklus haben. Eingehende Studien zur Lokalisation der Proteine und Interaktionen mit zellulären Proteinen in infizierten Zellen konnten nicht durchgeführt werden, da die zur Verfügung stehenden epithelialen Tumorzelllinien eine zu geringe Infektionsrate zeigten. Darüber hinaus war die Expressionsrate der Proteine zu gering, um sie fluoreszenmikroskopisch zu detektieren.

Einzelne BDLF2-Bereiche wurden mit Hilfe des Reporters PIN-G exprimiert, der es ermöglicht einzelne Proteindomänen zur Plasmamembran zu translozieren. Alle auf diese Weise exprimierten Domänen erreichten, wenn auch nur in geringen Mengen, die Zytoplasmamembran. PIN-G besitzt selbst nur ein Signalpeptid, die *leader*-Sequenz der

Diskussion

murinen Ig κ-Kette. Diese dirigiert das exprimierte Protein zum sekretorischen Weg [206]. Durch Fusion mit entsprechenden Zielsequenzen, kann mit Hilfe dieses Vektors ein Protein erzeugt werden, das zum Beispiel im *trans*-Golgi-Netzwerk zurückgehalten wird [157]. Solche sogenannten Retentionsmotive sind ein häufiger Mechanismus bei der Bildung von Multiproteinkomplexen. Ein gut untersuchtes Beispiel dafür ist die Bildung des γ-Sekretase-Komplexes [207]. Dieser besteht aus vier Untereinheiten (Presenilin 1/ 2, Nicastrin, Aph1 and Pen2), die sich innerhalb des Endoplasmatischen Retikulums (ER) zu einem Komplex zusammenlagern. Um zu gewährleisten, dass nur vollständig gebildete Komplexe weiter durch den sekretorischen Weg gehen, enthalten alle Proteine ER-Retentionsmotive. Durch die Zusammenlagerung der einzelnen Proteine und die Bildung des Komplexes werden die Retentionsmotive maskiert, wodurch der Proteinkomplex aus dem ER entlassen werden kann [207]. Retentionsmotive können die entsprechenden Proteine bei fehlerhafter Faltung außerdem zu Degradationswegen leiten, was einen weiteren Schritt der Qualitätskontrolle innerhalb des ER darstellt.

BDLF2 wird auf Basis fluoreszenzmikroskopischer Untersuchungen bei singulärer Expression im ER zurückgehalten und gelangt nur nach Koexpression von BMRF2 durch das Golgi-Netzwerk zur Zytoplasmamembran [63, 67]. Die hier durchgeführten Experimente zum Nachweis von Oberflächenproteinen zeigen aber, dass ein kleiner Teil des Proteins zur Plasmamembran gelangt. Interessanterweise zeigten fluoreszenzmikroskopische Experimente auch für singulär exprimiertes BMRF2 eine Retention, hier jedoch im Golgi-Apparat [63, 67]. In dieser Arbeit konnte jedoch auch für BMRF2 gezeigt werden, dass es in jedem Fall die Zytoplasmamembran erreicht. Im Gegensatz zu BDLF2 ist der Transport zur Membran nahezu unabhängig von der Bildung des Proteinkomplexes. BMRF2 konnte mit und ohne BDLF2 in fast gleichen Mengen an der Membran nachgewiesen werden. Der intrazelluläre Transport von BMRF2 ist somit BDLF2-unabhängig.

Es ist auf Basis der Beobachtungen allerdings anzunehmen, dass BDLF2 ein ER-Retetionsmotiv enthält. Die Sequenz des BDLF2-Proteins offenbart jedoch keines der bekannten Retentionsmotive für das Endoplasmatische Retikulum, wie ein C-terminales Di-Lysin-Motiv oder ein N-terminales Arginin-X-Arginin-Motiv bei TypII-Membranproteinen [208]. Die BDLF2-Fragmente, die mittels PIN-G exprimiert worden waren, zeigten keine verstärkte Akkumulation in ER oder Golgi-Apparat im Vergleich zu den Leerkonstrukten pIN-G bzw. PIN-G-HLA, was jedoch anzunehmen wäre, gäbe es ein ER-Retentionssignal. Allerdings enthielten diese Konstrukte statt der BDLF2-Transmembrandomäne (TMD) eine

Diskussion

HLA-TMD. Auch das BDLF2-Volllängen-Protein bei dem nur die eigene TMD durch die HLA-TMD ausgetauscht worden war, zeigte Plasmamembranlokalisation, die sowohl fluoreszenzmikrokopisch als auch biochemisch nachgewiesen werden konnte. Ein Retentionssignal innerhalb der zytoplasmatischen oder extrazellulären Domänen von BDLF2 kann damit ausgeschlossen werden. Retentionsmotive können jedoch auch innerhalb der Transmembrandomäne von Proteinen auftreten. Diese haben keine bekannte Konsensussequenz. Das PS1-Protein des γ-Sekretase-Komplexes enthält z. B. das TMD-Motiv Tryptophan-Asparagin-Phenylalanin [207]. Es ist daher wahrscheinlich, dass die 26 Aminosäuren lange BDLF2-Transmembrandomäne (Aminosäuren 182-208) ein bisher noch nicht identifiziertes ER-Retentionsmotiv enthält.

Ein Retentionsmotiv innerhalb der BDLF2-TMD würde das Protein im ER zurückhalten. Die Interaktion mit BMRF2 und die damit einhergehende Ausbildung eines Proteinkomplexes könnte zur Maskierung des Motivs und damit zur Freisetzung des Komplexes aus dem ER führen. Die Degradation falsch gefalteten BDLF2-Proteins, ggf. auch durch Fehlen von BMRF2, könnte die Spaltung von BDLF2 und das seltene Auftreten der Spaltprodukte bei BMRF2-Koexpression erklären.

4.3 Einfluss des BDLF2/BMRF2-Komplex auf zelluläre Signalwege oder Funktion des BDLF2/BMRF2-Komplex

Die Morphologie von Zellen wird durch eine Vielzahl von Signalwegen reguliert. Dazu zählen vor allem die Signalwege der kleinen GTPasen RhoA, Rac und Cdc42. Der BDLF2/BMRF2-Komplex scheint RhoA und/oder seine Mediatoren zu beeinflussen und so die zelluläre Morphologie zu verändern. Die induzierten Zellausläufer sind Aktinstrukturen, deren Bildung durch die Expression einer dominant-aktiven Mutante von RhoA verhindert werden kann [67].

In dieser Arbeit sollte der Signalweg, der zur Umstrukturierung des Aktin-Zytoskeletts in Abhängigkeit von BDLF2 und BMRF2 führt, aufgeklärt werden. Die Untersuchung verschiedener Signalproteine innerhalb des RhoA-Wegs (siehe Abbildung 43, S. 100), ergab, dass weder RhoA selbst noch seine direkten Mediatoren Rho-Kinase (ROCK) und mDia oder weiter stromabwärts liegende Regulatoren, wie Cofilin, VASP und FAK, durch den BDLF2/BMRF2-Komplex moduliert werden. Ezrin/Radixin/Moesin, die so genannten ERM-Proteine, zeigten jedoch eine BDLF2/BMRF2-abhängige Reduktion der Aktivität.

Diskussion

Die ERM-Proteine verknüpfen zytoplasmatische Proteine mit der Plasmamembran. Sie besitzen eine F-Aktin-Bindestellen in der C-terminalen Region und binden mit ihrem N-Terminus direkt an die zytoplasmatischen Bereiche von Membranproteinen. Die Bindung an CD44 ist z. B. wichtig für die gerichtete Zellbewegung. Die Interaktion von Ezrin mit ICAM-2 rekrutiert dieses zu Uropodien von Natürlichen Killer-Zellen und ermöglicht so ihre Aktivierung. Durch Bindung der Membranproteine EBP50/NHE-RF und E3KARP erweitert sich der Einfluss der ERM-Proteine noch weiter. Diese Proteine ermöglichen die indirekte Regulation von Ionenkanälen, Rezeptoren von Wachstumsfaktoren und anderen Membranproteinen durch die ERM-Proteine. Sie können außerdem lokal RhoA aktivieren [209].

Die Aktivität der ERM-Proteine wird durch ihre Konformation beeinflusst. Der N-Terminus, der für die Interaktion mit der Zytoplasmamembran bzw. Membranproteinen verantwortlich ist, und der C-Terminus, der Wechselwirkungen mit F-Aktin reguliert, gehen Wechselwirkungen miteinander ein, wodurch die Proteine eine geschlossene Konformation annehmen. Dafür verantwortlich sind die N- bzw. C-ERM-Assoziationsdomänen (N-/C-ERMAD) [209]. In diesem Zustand sind die Bindedomänen des N- und C-Terminus blockiert und das Protein dementsprechend inaktiv. Ezrin, Radixin und Moesin können auf verschiedene Weise aktiviert werden. Zum einen können die Proteine an einem konservierten Threoninrest innerhalb des C-Terminus phosphoryliert werden. Zu den Kinasen, die diese Reaktion katalysieren, zählen ROCK, Proteinkinase C α (PKCα) und andere PKC-Isoformen. Ein alternativer Mechanismus ist die Interaktion mit Phosphatidyl-Inositol-4,5-Bisphosphat (PIP_2), die zur Öffnung der geschlossenen Konformation führt. Ob die Phosphorylierung der ERM-Proteine ebenfalls zur offenen Konformation führt oder diese nur zu ihrer Stabilisierung beiträgt, ist nicht vollständig aufgeklärt. Sowohl die Phosphorylierung der ERM-Proteine als auch die Produktion von PIP_2 durch die Phosphatidylinositol-4-Phosphat-5-Kinase (PI4P5K) sind RhoA-regulierte Mechanismen [128]. Obwohl gezeigt wurde, dass der BDLF2/BMRF2-Komplex und die ERM-Proteine an der Zytoplasmamembran kolokalisieren, konnte eine mögliche direkte Interaktion zwischen den Proteinen nicht nachgewiesen werden. Hinzu kommt, dass auch Kolokalisation mit Merlin, einem nahen Verwandten der ERM-Proteine, beobachtet wurde, dessen Aktivität jedoch nicht durch die Expression des BDLF2/BMRF2-Komplex beeinflusst wird. Der BDLF2/BMRF2-Komplex wirkt daher indirekt auf die Aktivität der ERM-Proteine.

Diskussion

Die Untersuchungen der ERM-Regulatoren zeigten, dass der BDLF2/BMRF2-Komplex keinen Einfluss auf ihre Aktivität besitzt. Trotzdem wurde eine Interaktion der viralen Proteine mit PKCα detektiert. Sowohl in Tumorzellen als auch in primären Epithelzellen von Zunge und Tonsillen konnten PKCα und der BDLF2/BMRF2-Komplex ko-immunpräzipitiert werden. Fluoreszenzmikroskopische Analysen ergaben zudem in allen drei Zelltypen Kolokalisation von PKCα mit dem BDLF2/BMRF2-Komplex. In HEK293-Zellen wurde PKCα eindeutig in den BDLF2/BMRF2-induzierten Zellausläufern nachgewiesen. Weitere Untersuchungen ergaben, dass der Weg der PKCα-abhängigen Aktivierung der ERM-Proteine in BDLF2/BMRF2-exprimierenden Zellen inhibiert zu sein scheint. Die erbrachten Ergebnisse deuten darauf hin, dass der BDLF2/BMRF2-Komplex PKCα sequestriert, wodurch es nur zu einer unvollständigen Aktivierung der ERM-Proteine kommt.

Verschiedene Erreger regulieren die ERM-Proteine, um die Infektion der Zielzellen und/oder die Zell-zu-Zell-Weitergabe zu ermöglichen. Dazu zählen Bakterien, wie *Chlamydia trachomatis*, das die Phosphorylierung von Ezrin induziert. Diese Reaktion ist wichtig für die bakterielle Infektion, welche durch Inhibition von Ezrin verhindert werden kann [210]. Auch die Infektion von T-Lymphozyten durch HIV-1 ist von der Aktivität von Moesin abhängig. Dieses wird durch das Virus aktiviert und rekrutiert daraufhin Aktin und Rezeptoren CD4-CXCR4 zu den Stellen der Zytoplasmamembran, an denen der Kontakt zwischen Virus und Zelle stattfindet. Durch diese Umverteilung zellulärer Oberflächenantigene wird die Fusion von Virus- und Zellmembran und damit die Infektion gefördert [211].

Eine virusinduzierte Inaktivierung der ERM-Proteine wurde bisher noch nicht beschrieben. In dieser Arbeit wurde jedoch gezeigt, dass die Expression der N- bzw. C-terminalen Domänen von Ezrin, die einen inhibitorischen Effekt auf die Aktivität der endogenen ERM-Proteine besitzen, einen ähnlichen Phänotyp induziert wie der BDLF2/BMRF2-Komplex [160, 161]. Das unterstützt die Hypothese, dass die Proteine BDLF2 und BMRF2 die zellulären Veränderungen durch Inaktivierung der ERM-Proteine an der Zellmembran induzieren. Auf diese Weise könnte der BDLF2/BMRF2-Komplex an der Zell-zu-Zell-Weitergabe von EBV beteiligt sein.

Für die homologen Proteine gp48/ORF58 des Murinen Herpesvirus 68 (MHV-68) wurde die Beteiligung am Zell-zu-Zell-Transfer bereits gezeigt. Nach Infektion mit gp48⁻-MHV-68 bilden sich nur kleine virale Plaques, wenn die Virusübertragung durch die umliegende

Flüssigkeit inhibiert wird [212]. Die Mutante zeigte im Allgemeinen jedoch eine mit dem Wildtyp vergleichbare Virusfreisetzung. Nicht überraschend ist, dass die Expression des gp48/ORF58-Komplex, wie die des BDLF2/BMRF2-Komplex, zur Ausbildung verzweigter Zellausläufer führt. Zudem wurden MHV-68-Partikel entlang dieser Ausläufer beobachtet [202]. Es wird daher vermutet, dass die gp48/ORF58-induzierten Zellmodulationen dazu dienen, Viren von infizierten zu benachbarten uninfizierten Zellen zu leiten und somit die Virusübertragung zu gewährleisten.

In dieser Arbeit wurde der Einfluss von BDLF2 und BMRF2 auf den Lebenszyklus des Epstein-Barr Virus untersucht. Wie die Deletion von gp48 bei MHV-68 führte die Deletion von BDLF2 oder BMRF2 nicht zu einer veränderten Virusfreisetzung. Auch die Expression viraler Gene war im Vergleich zum Wildtyp normal. Es wurde jedoch teilweise eine Beeinträchtigung der Virusreplikation beobachtet. In der epithelialen Zelllinie HEK293 konnten nach Infektion mit WT-EBV zudem morphologische Veränderungen nachgewiesen werden, die durch die BDLF2-/BMRF2-Deletionsmutanten nicht induziert wurden. Für nähere Untersuchungen zum Einfluss von BDLF2 und BMRF2 auf die Zell-zu-Zell-Weitergabe stand kein geeignetes Zellsystem zur Verfügung. Xiao *et al.* (2009) berichteten, dass BMRF2⁻-EBV-Mutanten einen Defekt in der Infektion polarisierter Epithelzellen besitzen [66]. Dabei scheint die Interaktion von BMRF2 mit Integrinen an der horizontalen Zell-zu-Zell-Übertragung beteiligt zu sein. Diese Erkenntnisse zur Funktion des BDLF2/BMRF2-Komplex legen nahe, dass er, wie der gp48/ORF58-Komplex des MHV-68, an der Virusübertragung beteiligt ist und die Ausbildung der morphologischen Veränderungen dabei von entscheidender Bedeutung ist.

Einen Einfluss von BDLF2 und BMRF2 auf andere zelluläre Signalwege wurde in dieser Arbeit nicht nachgewiesen. Sowohl die Apoptose als auch der NF-κB-Signalweg werden durch die Expression von BDLF2 und BMRF2 nicht beeinflusst. Neben den hier beschriebenen Interaktionen mit PKCα und dem bisher nicht charakterisierten Protein Fam35A, müssen jedoch noch weitere zelluläre Proteine am BDLF2/BMRF2-induzierten Signalweg beteiligt sein. Die Phosphorylierung von BMRF2 wird durch zelluläre Proteine reguliert. Auch nach Einzelexpression von BMRF2 in HEK293-Zellen konnte die Phosphorylierung von Serin-, Threonin- und Tyrosinresten des BMRF2-Proteins nachgewiesen werden. PKCα ist ein möglicher Kandidat für die Serin- und Threoninphosphorylierung. Welche Kinase jedoch für die Tyrosinphosphorylierung verantwortlich ist, bleibt vorläufig unbekannt. Die Fokale Adhäsionskinase (FAK) ist eine

Diskussion

zelluäre Tyrosinkinase, die an der Regulation des Aktinzytoskeletts beteiligt ist. Die Infektion von Gedächtnis-B-Zellen durch EBV aktiviert FAK, was vermutlich durch die Interaktion von BMRF2 mit Integrinen reguliert wird [25]. FAK ist somit ein guter Kandidat für die Modifikation von BMRF2. Eine Interaktion von FAK mit dem BDLF2/BMRF2-Komplex konnte jedoch nicht beobachtet werden.

4.4 Ausblick

In dieser Arbeit wurden viele neue Erkenntnisse zur Funktionsweise des BDLF2/BMRF2-Komplexes gewonnen. Der Signalweg, der den BDLF2/BMRF2-regulierten morphologischen Veränderungen zu Grunde liegt, wurde ebenfalls entschlüsselt.

Zukünftige Erkenntnisse über das zelluläre Protein Fam35A und die Interaktion des BDLF2/BMRF2-Komplexes mit diesem Protein, sowie die Identifizierung weiterer zellulärer Interaktionspartner, wie die für die BMRF2-Phosphorylierung verantwortlichen Kinasen, werden weiteren Aufschluss über die Funktion des viralen Proteinkomplexes liefern.

Mit Hilfe der in dieser Arbeit erzeugten EBV-Mutanten kann unter Verwendung eines geeigneten Zellsystems die Rolle von BDLF2 und BMRF2 an der Zell-zu-Zell-Ausbreitung des Epstein-Barr Virus untersucht werden. Dabei sollte die Virusübertragung zwischen Epithelzellen im Vordergrund stehen. Die bisherigen Kenntnisse legen eine Beteiligung des BDLF2/BMRF2-Komplexes an der Virusausbreitung nahe. Eine BDLF2/BMRF2-vermittelte Zell-zu-Zell-Weitergabe des Virus könnte einen weiteren Schutzmechanismus des Virus vor dem Immunsystem, speziell gegen spezifische Antikörper, darstellen. Bei der Herstellung eines Impfstoffs gegen das Epstein-Barr Virus muss dies in Zukunft bedacht werden.

5. Zusammenfassung

Die Epstein-Barr Virus kodierten Glykoproteine BDLF2 und BMRF2 sind Strukturproteine und Bestandteil der viralen Hülle. Die Proteine bilden an der Plasmamembran einen Komplex, der die Morphologie der Wirtszelle durch Induktion langer, verzweigter zytoplasmatischer Ausläufer moduliert. In dieser Arbeit wurden erstmals Regulationsmechanismen für BDLF2 und BMRF2 untersucht sowie die Wirkungsweise des Komplexes, insbesondere in Bezug auf die Zellmorphologie, aufgeklärt.

Die Untersuchungen zur Regulation der BDLF2-Expression führten

- zum Nachweis einer negativen Regulation des BDLF2-Promotors durch die viralen Transaktivatoren Zta und Rta und
- zur Identifizierung einer Zta-/Rta-regulierten Region im Bereich 20-40 bp vor dem ATG.

Die Analysen der Komplexbildung und posttranslationaler Modifikationen zeigten

- eine Abhängigkeit des BDLF2-Transports zur Plasmamembran von der BMRF2-Expression und die geringe Abhängigkeit des BMRF2-Transports von BDLF2,
- N-verknüpfte Glykosylierungen als posttranslationale Modifikation von BDLF2, die unabhängig von der BMRF2-Expression sind sowie
- Phosphorylierungen von Serin-, Threonin- und Tyrosinresten des BMRF2-Proteins unabhängig von der BDLF2-Expression.
- Eine Phosphorylierung von BDLF2 wurde nicht nachgewiesen; die Glykosylierung von BMRF2 entsprach dem literaturbekannten Muster.

Die Untersuchung funktionaler Domänen von BDLF2 führte zur Identifizierung

- der Aminosäuren 1-130 am N-Terminus als Induktor des Phänotyps,
- des C-Terminus als Bindungspartner von BMRF2,
- der Bindung des funktional nicht charakterisierten, zellulären Proteins Fam35A an die Aminosäuren 110-130 des BDLF2-Proteins und
- eines ER-Retentionssignals innerhalb der Transmembrandomäne (AS 182-208).

Untersuchungen zur Modulation zellulärer Signalwege ergaben

- die Repression der Aktivität von Ezrin/Radixin/Moesin (ERM), aber keines anderen untersuchten Proteins des RhoA-Signalwegs (RhoA, ROCK, mDIA, Cofilin, FAK, VASP, PKCα, PI4P5K) durch BDLF2/BMRF2-Expression,

Zusammenfassung

- die Ausbildung eines dem BDLF2/BMRF2-Effekt vergleichbaren Phänotyps nach Inhibition der ERM-Proteine,
- die Interaktion des BDLF2/BMRF2-Komplexes mit PKCα und
- die Reduktion der PKCα-Bindung an ERM-Proteine unter BDLF2/BMRF2-Expression.

Versuche zur Herstellung von EBV-Mutanten lieferten

- eine ΔBDLF2-EBV-Mutante und eine Cherry-BFP-Mutante, die die Fusionsproteine mCherry-BDLF2 und BFP-BMRF2 exprimiert.
- Keine Mutante zeigt Unterschiede zum Wildytp in Virusfreisetzung und Expression viraler Gene nach Infektion von primären B-Lymphozyten und Monozyten. Infektionen mit der ΔBDLF2-EBV-Mutante zeigten im Vergleich zu Wildtyp-EBV-Infektionen eine Reduktion von Zellausläufern.

Diese Arbeit zeigt, dass die Expression bzw. Aktivität des BDLF2/BMRF2-Komplexes durch Zta, Rta, Glykosylierung und Phosphorylierung beeinflusst werden. Bindungs- und Aktivitätsdomänen des Komplexes wurden ebenso identifiziert wie auch BDLF2-bindende Proteine. Die Signalisierung des auch bei primären Zellen und unter Verwendung von EBV-Mutanten nachvollziehbaren, BDLF2/BMRF2-vermittelten Effekts wird unter Beteiligung von PKCα-Retention in einem indirekten Mechnismus über ERM-Proteine vermittelt. Die in dieser Arbeit erzeugten EBV-Mutanten ermöglichen erstmals eine Analyse der identifizierten Regulations- und Funktionsmechnismen von BDLF2 und BMRF2 im Verlauf einer Infektion.

6. Referenzen

1. EPSTEIN, M. A., BARR, Y. M. and ACHONG, B. G. (1964). A SECOND VIRUS-CARRYING TISSUE CULTURE STRAIN (EB2) OF LYMPHOBLASTS FROM BURKITT'S LYMPHOMA. Pathol.Biol.(Paris) 12: 1233-1234.

2. Henle, G., Henle, W. and Diehl, V. (1968). Relation of Burkitt's tumor-associated herpes-ytpe virus to infectious mononucleosis. Proc.Natl.Acad.Sci.U.S.A 59: 94-101.

3. Cruchley, A. T., Williams, D. M., Niedobitek, G. and Young, L. S. (1997). Epstein-Barr virus: biology and disease. Oral Diseases 3 Suppl 1: S156-S163.

4. Zimmermann, J. and Hammerschmidt, W. (1995). Structure and role of the terminal repeats of Epstein-Barr virus in processing and packaging of virion DNA. Journal of Virology 69: 3147-3155.

5. Murray, P. G. and Young, L. S. (2001). Epstein-Barr virus infection: basis of malignancy and potential for therapy. Expert.Rev.Mol.Med. 3: 1-20.

6. Savard, M., Belanger, C., Tardif, M., Gourde, P., Flamand, L. and Gosselin, J. (2000). Infection of primary human monocytes by Epstein-Barr virus. Journal of Virology 74: 2612-2619.

7. Akashi, K. and Mizuno, S. (2000). Epstein-Barr virus-infected natural killer cell leukemia. Leukemia and Lymphoma 40: 57-66.

8. Beisel, C., Tanner, J., Matsuo, T., Thorley-Lawson, D., Kezdy, F. and Kieff, E. (1985). Two major outer envelope glycoproteins of Epstein-Barr virus are encoded by the same gene. Journal of Virology 54: 665-674.

9. Fingeroth, J. D., Weis, J. J., Tedder, T. F., Strominger, J. L., Biro, P. A. and Fearon, D. T. (1984). Epstein-Barr virus receptor of human B lymphocytes is the C3d receptor CR2. Proc.Natl.Acad.Sci.U.S.A 81: 4510-4514.

10. Nemerow, G. R., Mold, C., Schwend, V. K., Tollefson, V. and Cooper, N. R. (1987). Identification of gp350 as the viral glycoprotein mediating attachment of Epstein-Barr virus (EBV) to the EBV/C3d receptor of B cells: sequence homology of gp350 and C3 complement fragment C3d. Journal of Virology 61: 1416-1420.

11. Tanner, J., Weis, J., Fearon, D., Whang, Y. and Kieff, E. (1987). Epstein-Barr virus gp350/220 binding to the B lymphocyte C3d receptor mediates adsorption, capping, and endocytosis. Cell 50: 203-213.

12. Connolly, S. A., Jackson, J. O., Jardetzky, T. S. and Longnecker, R. (2011). Fusing structure and function: a structural view of the herpesvirus entry machinery. Nat.Rev.Microbiol. 9: 369-381.

13. Fingeroth, J. D., Diamond, M. E., Sage, D. R., Hayman, J. and Yates, J. L. (1999). CD21-Dependent infection of an epithelial cell line, 293, by Epstein-Barr virus. Journal of Virology 73: 2115-2125.

14. Molesworth, S. J., Lake, C. M., Borza, C. M., Turk, S. M. and Hutt-Fletcher, L. M. (2000). Epstein-Barr virus gH is essential for penetration of B cells but also plays a role in attachment of virus to epithelial cells. Journal of Virology 74: 6324-6332.

15. Oda, T., Imai, S., Chiba, S. and Takada, K. (2000). Epstein-Barr virus lacking glycoprotein gp85 cannot infect B cells and epithelial cells. Virology 276: 52-58.

16. Hutt-Fletcher, L. M. (2007). Epstein-Barr virus entry. Journal of Virology 81: 7825-7832.

17. Yaswen, L. R., Stephens, E. B., Davenport, L. C. and Hutt-Fletcher, L. M. (1993). Epstein-Barr virus glycoprotein gp85 associates with the BKRF2 gene product and is incompletely processed as a recombinant protein. Virology 195: 387-396.

Referenzen

18. Spear, P. G. and Longnecker, R. (2003). Herpesvirus entry: an update. Journal of Virology 77: 10179-10185.

19. Miller, N. and Hutt-Fletcher, L. M. (1992). Epstein-Barr virus enters B cells and epithelial cells by different routes. Journal of Virology 66: 3409-3414.

20. Li, Q., Spriggs, M. K., Kovats, S., Turk, S. M., Comeau, M. R., Nepom, B. and Hutt-Fletcher, L. M. (1997). Epstein-Barr virus uses HLA class II as a cofactor for infection of B lymphocytes. Journal of Virology 71: 4657-4662.

21. Plate, A. E., Reimer, J. J., Jardetzky, T. S. and Longnecker, R. (2011). Mapping regions of Epstein-Barr virus (EBV) glycoprotein B (gB) important for fusion function with gH/gL. Virology 413: 26-38.

22. Chesnokova, L. S., Nishimura, S. L. and Hutt-Fletcher, L. M. (2009). Fusion of epithelial cells by Epstein-Barr virus proteins is triggered by binding of viral glycoproteins gHgL to integrins alphavbeta6 or alphavbeta8. Proc.Natl.Acad.Sci.U.S.A 106: 20464-20469.

23. Wang, X., Kenyon, W. J., Li, Q., Mullberg, J. and Hutt-Fletcher, L. M. (1998). Epstein-Barr virus uses different complexes of glycoproteins gH and gL to infect B lymphocytes and epithelial cells. Journal of Virology 72: 5552-5558.

24. Xiao, J., Palefsky, J. M., Herrera, R. and Tugizov, S. M. (2007). Characterization of the Epstein-Barr virus glycoprotein BMRF-2. Virology 359: 382-396.

25. Dorner, M., Zucol, F., Alessi, D., Haerle, S. K., Bossart, W., Weber, M., Byland, R., Bernasconi, M., Berger, C., Tugizov, S., Speck, R. F. and Nadal, D. (2010). beta1 integrin expression increases susceptibility of memory B cells to Epstein-Barr virus infection. Journal of Virology 84: 6667-6677.

26. Alfieri, C., Birkenbach, M. and Kieff, E. (1991). Early events in Epstein-Barr virus infection of human B lymphocytes. Virology 181: 595-608.

27. Hammerschmidt, W. and Sugden, B. (1989). Genetic analysis of immortalizing functions of Epstein-Barr virus in human B lymphocytes. Nature 340: 393-397.

28. Adams, A. (1987). Replication of latent Epstein-Barr virus genomes in Raji cells. Journal of Virology 61: 1743-1746.

29. Nonoyama, M. and Tanaka, A. (1975). Plasmid DNA as a possible state of Epstein-Barr virus genomes in nonproductive cells. Cold Spring Harbor Symposia on Quantitative Biology 39 Pt 2: 807-810.

30. Adams, A. and Lindahl, T. (1975). Epstein-Barr virus genomes with properties of circular DNA molecules in carrier cells. Proc.Natl.Acad.Sci.U.S.A 72: 1477-1481.

31. Lupton, S. and Levine, A. J. (1985). Mapping genetic elements of Epstein-Barr virus that facilitate extrachromosomal persistence of Epstein-Barr virus-derived plasmids in human cells. Mol.Cell Biol. 5: 2533-2542.

32. Yates, J. L., Warren, N. and Sugden, B. (1985). Stable replication of plasmids derived from Epstein-Barr virus in various mammalian cells. Nature 313: 812-815.

33. Yates, J., Warren, N., Reisman, D. and Sugden, B. (1984). A cis-acting element from the Epstein-Barr viral genome that permits stable replication of recombinant plasmids in latently infected cells. Proc.Natl.Acad.Sci.U.S.A 81: 3806-3810.

34. Sugden, B. and Warren, N. (1989). A promoter of Epstein-Barr virus that can function during latent infection can be transactivated by EBNA-1, a viral protein required for viral DNA replication during latent infection. Journal of Virology 63: 2644-2649.

Referenzen

35. Gahn, T. A. and Sugden, B. (1995). An EBNA-1-dependent enhancer acts from a distance of 10 kilobase pairs to increase expression of the Epstein-Barr virus LMP gene. Journal of Virology 69: 2633-2636.
36. Thorley-Lawson, D. A. (2001). Epstein-Barr virus: exploiting the immune system. Nat.Rev.Immunol. 1: 75-82.
37. Levitskaya, J., Coram, M., Levitsky, V., Imreh, S., Steigerwald-Mullen, P. M., Klein, G., Kurilla, M. G. and Masucci, M. G. (1995). Inhibition of antigen processing by the internal repeat region of the Epstein-Barr virus nuclear antigen-1. Nature 375: 685-688.
38. Nanbo, A., Inoue, K., Adachi-Takasawa, K. and Takada, K. (2002). Epstein-Barr virus RNA confers resistance to interferon-alpha-induced apoptosis in Burkitt's lymphoma. EMBO Journal 21: 954-965.
39. Nanbo, A., Yoshiyama, H. and Takada, K. (2005). Epstein-Barr virus-encoded poly(A)- RNA confers resistance to apoptosis mediated through Fas by blocking the PKR pathway in human epithelial intestine 407 cells. Journal of Virology 79: 12280-12285.
40. Kitagawa, N., Goto, M., Kurozumi, K., Maruo, S., Fukayama, M., Naoe, T., Yasukawa, M., Hino, K., Suzuki, T., Todo, S. and Takada, K. (2000). Epstein-Barr virus-encoded poly(A)(-) RNA supports Burkitt's lymphoma growth through interleukin-10 induction. EMBO Journal 19: 6742-6750.
41. Henderson, S., Rowe, M., Gregory, C., Croom-Carter, D., Wang, F., Longnecker, R., Kieff, E. and Rickinson, A. (1991). Induction of bcl-2 expression by Epstein-Barr virus latent membrane protein 1 protects infected B cells from programmed cell death. Cell 65: 1107-1115.
42. Fruehling, S. and Longnecker, R. (1997). The immunoreceptor tyrosine-based activation motif of Epstein-Barr virus LMP2A is essential for blocking BCR-mediated signal transduction. Virology 235: 241-251.
43. Miller, C. L., Burkhardt, A. L., Lee, J. H., Stealey, B., Longnecker, R., Bolen, J. B. and Kieff, E. (1995). Integral membrane protein 2 of Epstein-Barr virus regulates reactivation from latency through dominant negative effects on protein-tyrosine kinases. Immunity. 2: 155-166.
44. Longnecker, R. (2000). Epstein-Barr virus latency: LMP2, a regulator or means for Epstein-Barr virus persistence? Advances in Cancer Research 79: 175-200.
45. Cordier, M., Calender, A., Billaud, M., Zimber, U., Rousselet, G., Pavlish, O., Banchereau, J., Tursz, T., Bornkamm, G. and Lenoir, G. M. (1990). Stable transfection of Epstein-Barr virus (EBV) nuclear antigen 2 in lymphoma cells containing the EBV P3HR1 genome induces expression of B-cell activation molecules CD21 and CD23. Journal of Virology 64: 1002-1013.
46. Kaiser, C., Laux, G., Eick, D., Jochner, N., Bornkamm, G. W. and Kempkes, B. (1999). The proto-oncogene c-myc is a direct target gene of Epstein-Barr virus nuclear antigen 2. Journal of Virology 73: 4481-4484.
47. Wang, F., Gregory, C., Sample, C., Rowe, M., Liebowitz, D., Murray, R., Rickinson, A. and Kieff, E. (1990). Epstein-Barr virus latent membrane protein (LMP1) and nuclear proteins 2 and 3C are effectors of phenotypic changes in B lymphocytes: EBNA-2 and LMP1 cooperatively induce CD23. Journal of Virology 64: 2309-2318.
48. Subramanian, C., Knight, J. S. and Robertson, E. S. (2002). The Epstein Barr nuclear antigen EBNA3C regulates transcription, cell transformation and cell migration. Front Biosci. 7: d704-d716.
49. Yi, F., Saha, A., Murakami, M., Kumar, P., Knight, J. S., Cai, Q., Choudhuri, T. and Robertson, E. S. (2009). Epstein-Barr virus nuclear antigen 3C targets p53 and modulates its transcriptional and apoptotic activities. Virology 388: 236-247.
50. Young, P., Anderton, E., Paschos, K., White, R. and Allday, M. J. (2008). Epstein-Barr virus nuclear antigen (EBNA) 3A induces the expression of and interacts with a subset of chaperones and co-chaperones. Journal of General Virology 89: 866-877.

Referenzen

51. Chen, A., Zhao, B., Kieff, E., Aster, J. C. and Wang, F. (2006). EBNA-3B- and EBNA-3C-regulated cellular genes in Epstein-Barr virus-immortalized lymphoblastoid cell lines. Journal of Virology 80: 10139-10150.
52. Laichalk, L. L. and Thorley-Lawson, D. A. (2005). Terminal differentiation into plasma cells initiates the replicative cycle of Epstein-Barr virus in vivo. Journal of Virology 79: 1296-1307.
53. zur Hausen, H., O'Neill, F. J., Freese, U. K. and Hecker, E. (1978). Persisting oncogenic herpesvirus induced by the tumour promotor TPA. Nature 272: 373-375.
54. Liu, P. and Speck, S. H. (2003). Synergistic autoactivation of the Epstein-Barr virus immediate-early BRLF1 promoter by Rta and Zta. Virology 310: 199-206.
55. Speck, S. H., Chatila, T. and Flemington, E. (1997). Reactivation of Epstein-Barr virus: regulation and function of the BZLF1 gene. Trends in Microbiology 5: 399-405.
56. Kenney, S., Kamine, J., Holley-Guthrie, E., Lin, J. C., Mar, E. C. and Pagano, J. (1989). The Epstein-Barr virus (EBV) BZLF1 immediate-early gene product differentially affects latent versus productive EBV promoters. Journal of Virology 63: 1729-1736.
57. Fixman, E. D., Hayward, G. S. and Hayward, S. D. (1992). trans-acting requirements for replication of Epstein-Barr virus ori-Lyt. Journal of Virology 66: 5030-5039.
58. Hammerschmidt, W. and Sugden, B. (1988). Identification and characterization of oriLyt, a lytic origin of DNA replication of Epstein-Barr virus. Cell 55: 427-433.
59. Gong, M. and Kieff, E. (1990). Intracellular trafficking of two major Epstein-Barr virus glycoproteins, gp350/220 and gp110. Journal of Virology 64: 1507-1516.
60. Lake, C. M. and Hutt-Fletcher, L. M. (2000). Epstein-Barr virus that lacks glycoprotein gN is impaired in assembly and infection. Journal of Virology 74: 11162-11172.
61. Johannsen, E., Luftig, M., Chase, M. R., Weicksel, S., Cahir-McFarland, E., Illanes, D., Sarracino, D. and Kieff, E. (2004). Proteins of purified Epstein-Barr virus. Proc.Natl.Acad.Sci.U.S.A 101: 16286-16291.
62. Modrow, S., Hoflacher, B. and Wolf, H. (1992). Identification of a protein encoded in the EB-viral open reading frame BMRF2. Archives of Virology 127: 379-386.
63. Gore, M. and Hutt-Fletcher, L. M. (2009). The BDLF2 protein of Epstein-Barr virus is a type II glycosylated envelope protein whose processing is dependent on coexpression with the BMRF2 protein. Virology 383: 162-167.
64. Tugizov, S. M., Berline, J. W. and Palefsky, J. M. (2003). Epstein-Barr virus infection of polarized tongue and nasopharyngeal epithelial cells. Nature Medicine 9: 307-314.
65. Xiao, J., Palefsky, J. M., Herrera, R., Berline, J. and Tugizov, S. M. (2008). The Epstein-Barr virus BMRF-2 protein facilitates virus attachment to oral epithelial cells. Virology 370: 430-442.
66. Xiao, J., Palefsky, J. M., Herrera, R., Berline, J. and Tugizov, S. M. (2009). EBV BMRF-2 facilitates cell-to-cell spread of virus within polarized oral epithelial cells. Virology 388: 335-343.
67. Loesing, J. B., Di Fiore, S., Ritter, K., Fischer, R. and Kleines, M. (2009). Epstein-Barr virus BDLF2-BMRF2 complex affects cellular morphology. Journal of General Virology 90: 1440-1449.
68. Nobes, C. D. and Hall, A. (1999). Rho GTPases control polarity, protrusion, and adhesion during cell movement. Journal of Cell Biology 144: 1235-1244.

Referenzen

69. Mabuchi, I., Hamaguchi, Y., Fujimoto, H., Morii, N., Mishima, M. and Narumiya, S. (1993). A rho-like protein is involved in the organisation of the contractile ring in dividing sand dollar eggs. Zygote. 1: 325-331.

70. Prokopenko, S. N., Saint, R. and Bellen, H. J. (2000). Untying the Gordian knot of cytokinesis. Role of small G proteins and their regulators. Journal of Cell Biology 148: 843-848.

71. Caron, E. and Hall, A. (1998). Identification of two distinct mechanisms of phagocytosis controlled by different Rho GTPases. Science 282: 1717-1721.

72. Amann, K. J. and Pollard, T. D. (2001). The Arp2/3 complex nucleates actin filament branches from the sides of pre-existing filaments. Nat.Cell Biol. 3: 306-310.

73. Didry, D., Carlier, M. F. and Pantaloni, D. (1998). Synergy between actin depolymerizing factor/cofilin and profilin in increasing actin filament turnover. Journal of Biological Chemistry 273: 25602-25611.

74. Witke, W. (2004). The role of profilin complexes in cell motility and other cellular processes. Trends in Cell Biology 14: 461-469.

75. Schafer, D. A., Jennings, P. B. and Cooper, J. A. (1996). Dynamics of capping protein and actin assembly in vitro: uncapping barbed ends by polyphosphoinositides. Journal of Cell Biology 135: 169-179.

76. Pantaloni, D., Le Clainche, C. and Carlier, M. F. (2001). Mechanism of actin-based motility. Science 292: 1502-1506.

77. Wiesner, S., Helfer, E., Didry, D., Ducouret, G., Lafuma, F., Carlier, M. F. and Pantaloni, D. (2003). A biomimetic motility assay provides insight into the mechanism of actin-based motility. Journal of Cell Biology 160: 387-398.

78. Adams, J. C. (2004). Fascin protrusions in cell interactions. Trends in Cardiovascular Medicine 14: 221-226.

79. Brindle, N. P., Holt, M. R., Davies, J. E., Price, C. J. and Critchley, D. R. (1996). The focal-adhesion vasodilator-stimulated phosphoprotein (VASP) binds to the proline-rich domain in vinculin. Biochemical Journal 318 (Pt 3): 753-757.

80. Krause, M., Dent, E. W., Bear, J. E., Loureiro, J. J. and Gertler, F. B. (2003). Ena/VASP proteins: regulators of the actin cytoskeleton and cell migration. Annual Review of Cell and Developmental Biology 19: 541-564.

81. Andrianantoandro, E. and Pollard, T. D. (2006). Mechanism of actin filament turnover by severing and nucleation at different concentrations of ADF/cofilin. Molecular Cell 24: 13-23.

82. Ghosh, M., Song, X., Mouneimne, G., Sidani, M., Lawrence, D. S. and Condeelis, J. S. (2004). Cofilin promotes actin polymerization and defines the direction of cell motility. Science 304: 743-746.

83. Martel, V., Racaud-Sultan, C., Dupe, S., Marie, C., Paulhe, F., Galmiche, A., Block, M. R. and Albiges-Rizo, C. (2001). Conformation, localization, and integrin binding of talin depend on its interaction with phosphoinositides. Journal of Biological Chemistry 276: 21217-21227.

84. Humphries, J. D., Wang, P., Streuli, C., Geiger, B., Humphries, M. J. and Ballestrem, C. (2007). Vinculin controls focal adhesion formation by direct interactions with talin and actin. Journal of Cell Biology 179: 1043-1057.

85. Mierke, C. T. (2009). The role of vinculin in the regulation of the mechanical properties of cells. Cell Biochemistry and Biophysics 53: 115-126.

Referenzen

86. Zamir, E. and Geiger, B. (2001). Molecular complexity and dynamics of cell-matrix adhesions. Journal of Cell Science 114: 3583-3590.

87. Ziegler, W. H., Liddington, R. C. and Critchley, D. R. (2006). The structure and regulation of vinculin. Trends in Cell Biology 16: 453-460.

88. Amieva, M. R. and Furthmayr, H. (1995). Subcellular localization of moesin in dynamic filopodia, retraction fibers, and other structures involved in substrate exploration, attachment, and cell-cell contacts. Experimental Cell Research 219: 180-196.

89. Berryman, M., Franck, Z. and Bretscher, A. (1993). Ezrin is concentrated in the apical microvilli of a wide variety of epithelial cells whereas moesin is found primarily in endothelial cells. Journal of Cell Science 105 (Pt 4): 1025-1043.

90. Henry, M. D., Gonzalez, A. C. and Solomon, F. (1995). Molecular dissection of radixin: distinct and interdependent functions of the amino- and carboxy-terminal domains. Journal of Cell Biology 129: 1007-1022.

91. Pestonjamasp, K., Amieva, M. R., Strassel, C. P., Nauseef, W. M., Furthmayr, H. and Luna, E. J. (1995). Moesin, ezrin, and p205 are actin-binding proteins associated with neutrophil plasma membranes. Molecular Biology of the Cell 6: 247-259.

92. Turunen, O., Wahlstrom, T. and Vaheri, A. (1994). Ezrin has a COOH-terminal actin-binding site that is conserved in the ezrin protein family. Journal of Cell Biology 126: 1445-1453.

93. Chishti, A. H., Kim, A. C., Marfatia, S. M., Lutchman, M., Hanspal, M., Jindal, H., Liu, S. C., Low, P. S., Rouleau, G. A., Mohandas, N., Chasis, J. A., Conboy, J. G., Gascard, P., Takakuwa, Y., Huang, S. C., Benz, E. J., Jr., Bretscher, A., Fehon, R. G., Gusella, J. F., Ramesh, V., Solomon, F., Marchesi, V. T., Tsukita, S., Tsukita, S., Hoover, K. B. and . (1998). The FERM domain: a unique module involved in the linkage of cytoplasmic proteins to the membrane. Trends in Biochemical Sciences 23: 281-282.

94. Yonemura, S., Matsui, T., Tsukita, S. and Tsukita, S. (2002). Rho-dependent and -independent activation mechanisms of ezrin/radixin/moesin proteins: an essential role for polyphosphoinositides in vivo. Journal of Cell Science 115: 2569-2580.

95. Murthy, A., Gonzalez-Agosti, C., Cordero, E., Pinney, D., Candia, C., Solomon, F., Gusella, J. and Ramesh, V. (1998). NHE-RF, a regulatory cofactor for Na(+)-H+ exchange, is a common interactor for merlin and ERM (MERM) proteins. Journal of Biological Chemistry 273: 1273-1276.

96. Reczek, D., Berryman, M. and Bretscher, A. (1997). Identification of EBP50: A PDZ-containing phosphoprotein that associates with members of the ezrin-radixin-moesin family. Journal of Cell Biology 139: 169-179.

97. Yun, C. H., Oh, S., Zizak, M., Steplock, D., Tsao, S., Tse, C. M., Weinman, E. J. and Donowitz, M. (1997). cAMP-mediated inhibition of the epithelial brush border Na+/H+ exchanger, NHE3, requires an associated regulatory protein. Proc.Natl.Acad.Sci.U.S.A 94: 3010-3015.

98. Hall, A. (1994). Small GTP-binding proteins and the regulation of the actin cytoskeleton. Annual Review of Cell Biology 10: 31-54.

99. Jaffe, A. B. and Hall, A. (2005). Rho GTPases: biochemistry and biology. Annual Review of Cell and Developmental Biology 21: 247-269.

100. Heasman, S. J. and Ridley, A. J. (2008). Mammalian Rho GTPases: new insights into their functions from in vivo studies. Nat.Rev.Mol.Cell Biol. 9: 690-701.

101. Nobes, C. D. and Hall, A. (1995). Rho, rac, and cdc42 GTPases regulate the assembly of multimolecular focal complexes associated with actin stress fibers, lamellipodia, and filopodia. Cell 81: 53-62.

Referenzen

102. Michaelson, D., Silletti, J., Murphy, G., D'Eustachio, P., Rush, M. and Philips, M. R. (2001). Differential localization of Rho GTPases in live cells: regulation by hypervariable regions and RhoGDI binding. Journal of Cell Biology 152: 111-126.

103. Dermardirossian, C. and Bokoch, G. M. (2005). GDIs: central regulatory molecules in Rho GTPase activation. Trends in Cell Biology 15: 356-363.

104. Kater, S. B. and Rehder, V. (1995). The sensory-motor role of growth cone filopodia. Current Opinion in Neurobiology 5: 68-74.

105. Peng, J., Wallar, B. J., Flanders, A., Swiatek, P. J. and Alberts, A. S. (2003). Disruption of the Diaphanous-related formin Drf1 gene encoding mDia1 reveals a role for Drf3 as an effector for Cdc42. Current Biology 13: 534-545.

106. Pellegrin, S. and Mellor, H. (2005). The Rho family GTPase Rif induces filopodia through mDia2. Current Biology 15: 129-133.

107. Goode, B. L. and Eck, M. J. (2007). Mechanism and function of formins in the control of actin assembly. Annual Review of Biochemistry 76: 593-627.

108. Kovar, D. R. (2006). Molecular details of formin-mediated actin assembly. Current Opinion in Cell Biology 18: 11-17.

109. Rohatgi, R., Ma, L., Miki, H., Lopez, M., Kirchhausen, T., Takenawa, T. and Kirschner, M. W. (1999). The interaction between N-WASP and the Arp2/3 complex links Cdc42-dependent signals to actin assembly. Cell 97: 221-231.

110. Stradal, T. E. and Scita, G. (2006). Protein complexes regulating Arp2/3-mediated actin assembly. Current Opinion in Cell Biology 18: 4-10.

111. Ridley, A. J., Paterson, H. F., Johnston, C. L., Diekmann, D. and Hall, A. (1992). The small GTP-binding protein rac regulates growth factor-induced membrane ruffling. Cell 70: 401-410.

112. Goley, E. D. and Welch, M. D. (2006). The ARP2/3 complex: an actin nucleator comes of age. Nat.Rev.Mol.Cell Biol. 7: 713-726.

113. Miki, H., Suetsugu, S. and Takenawa, T. (1998). WAVE, a novel WASP-family protein involved in actin reorganization induced by Rac. EMBO Journal 17: 6932-6941.

114. Edwards, D. C., Sanders, L. C., Bokoch, G. M. and Gill, G. N. (1999). Activation of LIM-kinase by Pak1 couples Rac/Cdc42 GTPase signalling to actin cytoskeletal dynamics. Nat.Cell Biol. 1: 253-259.

115. Arber, S., Barbayannis, F. A., Hanser, H., Schneider, C., Stanyon, C. A., Bernard, O. and Caroni, P. (1998). Regulation of actin dynamics through phosphorylation of cofilin by LIM-kinase. Nature 393: 805-809.

116. Castellano, F., Le Clainche, C., Patin, D., Carlier, M. F. and Chavrier, P. (2001). A WASp-VASP complex regulates actin polymerization at the plasma membrane. EMBO Journal 20: 5603-5614.

117. Rottner, K., Behrendt, B., Small, J. V. and Wehland, J. (1999). VASP dynamics during lamellipodia protrusion. Nat.Cell Biol. 1: 321-322.

118. Cramer, L. P., Siebert, M. and Mitchison, T. J. (1997). Identification of novel graded polarity actin filament bundles in locomoting heart fibroblasts: implications for the generation of motile force. Journal of Cell Biology 136: 1287-1305.

119. Fujiwara, K. and Pollard, T. D. (1976). Fluorescent antibody localization of myosin in the cytoplasm, cleavage furrow, and mitotic spindle of human cells. Journal of Cell Biology 71: 848-875.

Referenzen

120. Lazarides, E. and Burridge, K. (1975). Alpha-actinin: immunofluorescent localization of a muscle structural protein in nonmuscle cells. Cell 6: 289-298.

121. Le Clainche, C. and Carlier, M. F. (2008). Regulation of actin assembly associated with protrusion and adhesion in cell migration. Physiol Rev. 88: 489-513.

122. Amano, M., Ito, M., Kimura, K., Fukata, Y., Chihara, K., Nakano, T., Matsuura, Y. and Kaibuchi, K. (1996). Phosphorylation and activation of myosin by Rho-associated kinase (Rho-kinase). Journal of Biological Chemistry 271: 20246-20249.

123. Kimura, K., Ito, M., Amano, M., Chihara, K., Fukata, Y., Nakafuku, M., Yamamori, B., Feng, J., Nakano, T., Okawa, K., Iwamatsu, A. and Kaibuchi, K. (1996). Regulation of myosin phosphatase by Rho and Rho-associated kinase (Rho-kinase). Science 273: 245-248.

124. Hotulainen, P. and Lappalainen, P. (2006). Stress fibers are generated by two distinct actin assembly mechanisms in motile cells. Journal of Cell Biology 173: 383-394.

125. Ridley, A. J. (2006). Rho GTPases and actin dynamics in membrane protrusions and vesicle trafficking. Trends in Cell Biology 16: 522-529.

126. Romero, S., Le Clainche, C., Didry, D., Egile, C., Pantaloni, D. and Carlier, M. F. (2004). Formin is a processive motor that requires profilin to accelerate actin assembly and associated ATP hydrolysis. Cell 119: 419-429.

127. Watanabe, N., Madaule, P., Reid, T., Ishizaki, T., Watanabe, G., Kakizuka, A., Saito, Y., Nakao, K., Jockusch, B. M. and Narumiya, S. (1997). p140mDia, a mammalian homolog of Drosophila diaphanous, is a target protein for Rho small GTPase and is a ligand for profilin. EMBO Journal 16: 3044-3056.

128. Watanabe, N., Kato, T., Fujita, A., Ishizaki, T. and Narumiya, S. (1999). Cooperation between mDia1 and ROCK in Rho-induced actin reorganization. Nat.Cell Biol. 1: 136-143.

129. Chong, L. D., Traynor-Kaplan, A., Bokoch, G. M. and Schwartz, M. A. (1994). The small GTP-binding protein Rho regulates a phosphatidylinositol 4-phosphate 5-kinase in mammalian cells. Cell 79: 507-513.

130. Oude Weernink, P. A., Schulte, P., Guo, Y., Wetzel, J., Amano, M., Kaibuchi, K., Haverland, S., Voss, M., Schmidt, M., Mayr, G. W. and Jakobs, K. H. (2000). Stimulation of phosphatidylinositol-4-phosphate 5-kinase by Rho-kinase. Journal of Biological Chemistry 275: 10168-10174.

131. Oude Weernink, P. A., Schmidt, M. and Jakobs, K. H. (2004). Regulation and cellular roles of phosphoinositide 5-kinases. European Journal of Pharmacology 500: 87-99.

132. Di Paolo, G., Pellegrini, L., Letinic, K., Cestra, G., Zoncu, R., Voronov, S., Chang, S., Guo, J., Wenk, M. R. and De Camilli, P. (2002). Recruitment and regulation of phosphatidylinositol phosphate kinase type 1 gamma by the FERM domain of talin. Nature 420: 85-89.

133. Matsui, T., Maeda, M., Doi, Y., Yonemura, S., Amano, M., Kaibuchi, K., Tsukita, S. and Tsukita, S. (1998). Rho-kinase phosphorylates COOH-terminal threonines of ezrin/radixin/moesin (ERM) proteins and regulates their head-to-tail association. Journal of Cell Biology 140: 647-657.

134. Oshiro, N., Fukata, Y. and Kaibuchi, K. (1998). Phosphorylation of moesin by rho-associated kinase (Rho-kinase) plays a crucial role in the formation of microvilli-like structures. Journal of Biological Chemistry 273: 34663-34666.

135. Matsui, T., Yonemura, S., Tsukita, S. and Tsukita, S. (1999). Activation of ERM proteins in vivo by Rho involves phosphatidyl-inositol 4-phosphate 5-kinase and not ROCK kinases. Current Biology 9: 1259-1262.

136. Ivetic, A. and Ridley, A. J. (2004). Ezrin/radixin/moesin proteins and Rho GTPase signalling in leucocytes. Immunology 112: 165-176.

Referenzen

137. Nakamura, N., Oshiro, N., Fukata, Y., Amano, M., Fukata, M., Kuroda, S., Matsuura, Y., Leung, T., Lim, L. and Kaibuchi, K. (2000). Phosphorylation of ERM proteins at filopodia induced by Cdc42. Genes to Cells 5: 571-581.

138. Ng, T., Parsons, M., Hughes, W. E., Monypenny, J., Zicha, D., Gautreau, A., Arpin, M., Gschmeissner, S., Verveer, P. J., Bastiaens, P. I. and Parker, P. J. (2001). Ezrin is a downstream effector of trafficking PKC-integrin complexes involved in the control of cell motility. EMBO Journal 20: 2723-2741.

139. Faure, S., Salazar-Fontana, L. I., Semichon, M., Tybulewicz, V. L., Bismuth, G., Trautmann, A., Germain, R. N. and Delon, J. (2004). ERM proteins regulate cytoskeleton relaxation promoting T cell-APC conjugation. Nat.Immunol. 5: 272-279.

140. Tolias, K. F., Hartwig, J. H., Ishihara, H., Shibasaki, Y., Cantley, L. C. and Carpenter, C. L. (2000). Type Ialpha phosphatidylinositol-4-phosphate 5-kinase mediates Rac-dependent actin assembly. Current Biology 10: 153-156.

141. Bretscher, A. (1986). Purification of the intestinal microvillus cytoskeletal proteins villin, fimbrin, and ezrin. Methods in Enzymology 134: 24-37.

142. Taylor, M. P., Koyuncu, O. O. and Enquist, L. W. (2011). Subversion of the actin cytoskeleton during viral infection. Nat.Rev.Microbiol. 9: 427-439.

143. Tan, T. L., Fang, N., Neo, T. L., Singh, P., Zhang, J., Zhou, R., Koh, C. G., Chan, V., Lim, S. G. and Chen, W. N. (2008). Rac1 GTPase is activated by hepatitis B virus replication--involvement of HBX. Biochimica et Biophysica Acta 1783: 360-374.

144. Lara-Pezzi, E., Serrador, J. M., Montoya, M. C., Zamora, D., Yanez-Mo, M., Carretero, M., Furthmayr, H., Sanchez-Madrid, F. and Lopez-Cabrera, M. (2001). The hepatitis B virus X protein (HBx) induces a migratory phenotype in a CD44-dependent manner: possible role of HBx in invasion and metastasis. Hepatology 33: 1270-1281.

145. Gower, T. L., Pastey, M. K., Peeples, M. E., Collins, P. L., McCurdy, L. H., Hart, T. K., Guth, A., Johnson, T. R. and Graham, B. S. (2005). RhoA signaling is required for respiratory syncytial virus-induced syncytium formation and filamentous virion morphology. Journal of Virology 79: 5326-5336.

146. Gower, T. L., Peeples, M. E., Collins, P. L. and Graham, B. S. (2001). RhoA is activated during respiratory syncytial virus infection. Virology 283: 188-196.

147. Valderrama, F., Cordeiro, J. V., Schleich, S., Frischknecht, F. and Way, M. (2006). Vaccinia virus-induced cell motility requires F11L-mediated inhibition of RhoA signaling. Science 311: 377-381.

148. Morales, I., Carbajal, M. A., Bohn, S., Holzer, D., Kato, S. E., Greco, F. A., Moussatche, N. and Krijnse, L. J. (2008). The vaccinia virus F11L gene product facilitates cell detachment and promotes migration. Traffic. 9: 1283-1298.

149. Arakawa, Y., Cordeiro, J. V., Schleich, S., Newsome, T. P. and Way, M. (2007). The release of vaccinia virus from infected cells requires RhoA-mDia modulation of cortical actin. Cell Host.Microbe 1: 227-240.

150. Van Minnebruggen, G., Favoreel, H. W., Jacobs, L. and Nauwynck, H. J. (2003). Pseudorabies virus US3 protein kinase mediates actin stress fiber breakdown. Journal of Virology 77: 9074-9080.

151. Favoreel, H. W., Van Minnebruggen, G., Adriaensen, D. and Nauwynck, H. J. (2005). Cytoskeletal rearrangements and cell extensions induced by the US3 kinase of an alphaherpesvirus are associated with enhanced spread. Proc.Natl.Acad.Sci.U.S.A 102: 8990-8995.

Referenzen

152. Van den Broeke C., Radu, M., Deruelle, M., Nauwynck, H., Hofmann, C., Jaffer, Z. M., Chernoff, J. and Favoreel, H. W. (2009). Alphaherpesvirus US3-mediated reorganization of the actin cytoskeleton is mediated by group A p21-activated kinases. Proc.Natl.Acad.Sci.U.S.A 106: 8707-8712.

153. Finnen, R. L., Roy, B. B., Zhang, H. and Banfield, B. W. (2010). Analysis of filamentous process induction and nuclear localization properties of the HSV-2 serine/threonine kinase Us3. Virology 397: 23-33.

154. Klein, G., Lindahl, T., Jondal, M., Leibold, W., Menezes, J., Nilsson, K. and Sundstrom, C. (1974). Continuous lymphoid cell lines with characteristics of B cells (bone-marrow-derived), lacking the Epstein-Barr virus genome and derived from three human lymphomas. Proc.Natl.Acad.Sci.U.S.A 71: 3283-3286.

155. Miller, G. and Lipman, M. (1973). Release of infectious Epstein-Barr virus by transformed marmoset leukocytes. Proc.Natl.Acad.Sci.U.S.A 70: 190-194.

156. Graham, F. L., Smiley, J., Russell, W. C. and Nairn, R. (1977). Characteristics of a human cell line transformed by DNA from human adenovirus type 5. Journal of General Virology 36: 59-74.

157. Gluzman, Y. (1981). SV40-transformed simian cells support the replication of early SV40 mutants. Cell 23: 175-182.

158. McKeown, L., Robinson, P., Greenwood, S. M., Hu, W. and Jones, O. T. (2006). PIN-G--a novel reporter for imaging and defining the effects of trafficking signals in membrane proteins. BMC.Biotechnol. 6: 15-

159. Subauste, M. C., Von Herrath, M., Benard, V., Chamberlain, C. E., Chuang, T. H., Chu, K., Bokoch, G. M. and Hahn, K. M. (2000). Rho family proteins modulate rapid apoptosis induced by cytotoxic T lymphocytes and Fas. Journal of Biological Chemistry 275: 9725-9733.

160. Pust, S., Morrison, H., Wehland, J., Sechi, A. S. and Herrlich, P. (2005). Listeria monocytogenes exploits ERM protein functions to efficiently spread from cell to cell. EMBO Journal 24: 1287-1300.

161. Deerberg, J. (2009). Charakterisierung von Bindungspartnern des Epstein-Barr Virus-kodierten Proteins BDLF2. Diplomarbeit, Lehr- und Forschungsgebiet Virologie, Universitätsklinikum der RWTH Aachen

162. Bohnacker, T., Marone, R., Collmann, E., Calvez, R., Hirsch, E. and Wymann, M. P. (2009). PI3Kgamma adaptor subunits define coupling to degranulation and cell motility by distinct PtdIns(3,4,5)P3 pools in mast cells. Sci.Signal. 2: ra27-

163. Delecluse, H. J. and Hammerschmidt, W. (2000). The genetic approach to the Epstein-Barr virus: from basic virology to gene therapy. Molecular Pathology 53: 270-279.

164. Sanger, F., Nicklen, S. and Coulson, A. R. (1977). DNA sequencing with chain-terminating inhibitors. Proc.Natl.Acad.Sci.U.S.A 74: 5463-5467.

165. Laemmli, U. K. (1970). Cleavage of structural proteins during the assembly of the head of bacteriophage T4. Nature 227: 680-685.

166. Messerle, M., Crnkovic, I., Hammerschmidt, W., Ziegler, H. and Koszinowski, U. H. (1997). Cloning and mutagenesis of a herpesvirus genome as an infectious bacterial artificial chromosome. Proc.Natl.Acad.Sci.U.S.A 94: 14759-14763.

167. Delecluse, H. J., Hilsendegen, T., Pich, D., Zeidler, R. and Hammerschmidt, W. (1998). Propagation and recovery of intact, infectious Epstein-Barr virus from prokaryotic to human cells. Proc.Natl.Acad.Sci.U.S.A 95: 8245-8250.

168. Countryman, J. and Miller, G. (1985). Activation of expression of latent Epstein-Barr herpesvirus after gene transfer with a small cloned subfragment of heterogeneous viral DNA. Proc.Natl.Acad.Sci.U.S.A 82: 4085-4089.

Referenzen

169. Ragoczy, T., Heston, L. and Miller, G. (1998). The Epstein-Barr virus Rta protein activates lytic cycle genes and can disrupt latency in B lymphocytes. Journal of Virology 72: 7978-7984.

170. Takada, K., Shimizu, N., Sakuma, S. and Ono, Y. (1986). trans activation of the latent Epstein-Barr virus (EBV) genome after transfection of the EBV DNA fragment. Journal of Virology 57: 1016-1022.

171. Feederle, R., Kost, M., Baumann, M., Janz, A., Drouet, E., Hammerschmidt, W. and Delecluse, H. J. (2000). The Epstein-Barr virus lytic program is controlled by the co-operative functions of two transactivators. EMBO Journal 19: 3080-3089.

172. Chang, Y. N., Dong, D. L., Hayward, G. S. and Hayward, S. D. (1990). The Epstein-Barr virus Zta transactivator: a member of the bZIP family with unique DNA-binding specificity and a dimerization domain that lacks the characteristic heptad leucine zipper motif. Journal of Virology 64: 3358-3369.

173. Kouzarides, T., Packham, G., Cook, A. and Farrell, P. J. (1991). The BZLF1 protein of EBV has a coiled coil dimerisation domain without a heptad leucine repeat but with homology to the C/EBP leucine zipper. Oncogene 6: 195-204.

174. Lieberman, P. M., Hardwick, J. M., Sample, J., Hayward, G. S. and Hayward, S. D. (1990). The zta transactivator involved in induction of lytic cycle gene expression in Epstein-Barr virus-infected lymphocytes binds to both AP-1 and ZRE sites in target promoter and enhancer regions. Journal of Virology 64: 1143-1155.

175. Lieberman, P. M. and Berk, A. J. (1990). In vitro transcriptional activation, dimerization, and DNA-binding specificity of the Epstein-Barr virus Zta protein. Journal of Virology 64: 2560-2568.

176. Ragoczy, T. and Miller, G. (1999). Role of the epstein-barr virus RTA protein in activation of distinct classes of viral lytic cycle genes. Journal of Virology 73: 9858-9866.

177. Manet, E., Allera, C., Gruffat, H., Mikaelian, I., Rigolet, A. and Sergeant, A. (1993). The acidic activation domain of the Epstein-Barr virus transcription factor R interacts in vitro with both TBP and TFIIB and is cell-specifically potentiated by a proline-rich region. Gene Expression 3: 49-59.

178. Swenson, J. J., Holley-Guthrie, E. and Kenney, S. C. (2001). Epstein-Barr virus immediate-early protein BRLF1 interacts with CBP, promoting enhanced BRLF1 transactivation. Journal of Virology 75: 6228-6234.

179. Liu, C., Sista, N. D. and Pagano, J. S. (1996). Activation of the Epstein-Barr virus DNA polymerase promoter by the BRLF1 immediate-early protein is mediated through USF and E2F. Journal of Virology 70: 2545-2555.

180. Swenson, J. J., Mauser, A. E., Kaufmann, W. K. and Kenney, S. C. (1999). The Epstein-Barr virus protein BRLF1 activates S phase entry through E2F1 induction. Journal of Virology 73: 6540-6550.

181. Lagenaur, L. A. and Palefsky, J. M. (1999). Regulation of Epstein-Barr virus promoters in oral epithelial cells and lymphocytes. Journal of Virology 73: 6566-6572.

182. Li, D., Qian, L., Chen, C., Shi, M., Yu, M., Hu, M., Song, L., Shen, B. and Guo, N. (2009). Down-regulation of MHC class II expression through inhibition of CIITA transcription by lytic transactivator Zta during Epstein-Barr virus reactivation. Journal of Immunology 182: 1799-1809.

183. Bentz, G. L., Liu, R., Hahn, A. M., Shackelford, J. and Pagano, J. S. (2010). Epstein-Barr virus BRLF1 inhibits transcription of IRF3 and IRF7 and suppresses induction of interferon-beta. Virology 402: 121-128.

184. Chen, C. Y., Gatto-Konczak, F., Wu, Z. and Karin, M. (1998). Stabilization of interleukin-2 mRNA by the c-Jun NH2-terminal kinase pathway. Science 280: 1945-1949.

Referenzen

185. Fritsche, M., Mundt, M., Merkle, C., Jahne, R. and Groner, B. (1998). p53 suppresses cytokine induced, Stat5 mediated activation of transcription. Mol.Cell Endocrinol. 143: 143-154.

186. Mohorko, E., Glockshuber, R. and Aebi, M. (2011). Oligosaccharyltransferase: the central enzyme of N-linked protein glycosylation. J.Inherit.Metab Dis. 34: 869-878.

187. Dennis, J. W., Lau, K. S., Demetriou, M. and Nabi, I. R. (2009). Adaptive regulation at the cell surface by N-glycosylation. Traffic. 10: 1569-1578.

188. Kundra, R. and Kornfeld, S. (1999). Asparagine-linked oligosaccharides protect Lamp-1 and Lamp-2 from intracellular proteolysis. Journal of Biological Chemistry 274: 31039-31046.

189. Stanley, P., Schachter, H. and Taniguchi, N. (2009). N-Glycans. In: Ajit Varki, Richard D Cummings, Jeffrey D Esko, Hudson H Freeze, Pamela Stanley, Carolyn R Bertozzi, Gerald W Hart, and Marilynn E Etzler (2009). Essentials of Glycobiology, 2nd edition. Cold Spring Harbor Laboratory Press.

190. Karaivanova, V. K., Luan, P. and Spiro, R. G. (1998). Processing of viral envelope glycoprotein by the endomannosidase pathway: evaluation of host cell specificity. Glycobiology 8: 725-730.

191. Vigerust, D. J. and Shepherd, V. L. (2007). Virus glycosylation: role in virulence and immune interactions. Trends in Microbiology 15: 211-218.

192. Abe, Y., Takashita, E., Sugawara, K., Matsuzaki, Y., Muraki, Y. and Hongo, S. (2004). Effect of the addition of oligosaccharides on the biological activities and antigenicity of influenza A/H3N2 virus hemagglutinin. Journal of Virology 78: 9605-9611.

193. Helle, F., Vieyres, G., Elkrief, L., Popescu, C. I., Wychowski, C., Descamps, V., Castelain, S., Roingeard, P., Duverlie, G. and Dubuisson, J. (2010). Role of N-linked glycans in the functions of hepatitis C virus envelope proteins incorporated into infectious virions. Journal of Virology 84: 11905-11915.

194. Steele, R. E. (1990). Protein-tyrosine phosphorylation: a glimmer of light in the darkness. Trends in Biochemical Sciences 15: 124-126.

195. Roach, P. J. (1991). Multisite and hierarchal protein phosphorylation. Journal of Biological Chemistry 266: 14139-14142.

196. Heldin, C. H. and Westermark, B. (1989). Growth factors as transforming proteins. European Journal of Biochemistry 184: 487-496.

197. Helin, K. and Beguinot, L. (1991). Internalization and down-regulation of the human epidermal growth factor receptor are regulated by the carboxyl-terminal tyrosines. Journal of Biological Chemistry 266: 8363-8368.

198. Nakashima, S. (2002). Protein kinase C alpha (PKC alpha): regulation and biological function. J.Biochem. 132: 669-675.

199. Chen, M. R., Chang, S. J., Huang, H. and Chen, J. Y. (2000). A protein kinase activity associated with Epstein-Barr virus BGLF4 phosphorylates the viral early antigen EA-D in vitro. Journal of Virology 74: 3093-3104.

200. Kenyon, T. K., Cohen, J. I. and Grose, C. (2002). Phosphorylation by the varicella-zoster virus ORF47 protein serine kinase determines whether endocytosed viral gE traffics to the trans-Golgi network or recycles to the cell membrane. Journal of Virology 76: 10980-10993.

201. Imai, T., Arii, J., Minowa, A., Kakimoto, A., Koyanagi, N., Kato, A. and Kawaguchi, Y. (2011). Role of the herpes simplex virus 1 Us3 kinase phosphorylation site and endocytosis motifs in the intracellular transport and neurovirulence of envelope glycoprotein B. Journal of Virology 85: 5003-5015.

Referenzen

202. Gill, M. B., Edgar, R., May, J. S. and Stevenson, P. G. (2008). A gamma-herpesvirus glycoprotein complex manipulates actin to promote viral spread. PLoS.One. 3: e1808-

203. Lösing, J. B. (2008). Molecular characterization of the Epstein-Barr virus encoded gene BDLF2. Masterarbeit, Lehr- und Forschungsgebiet Virologie, Universitätsklinikum der RWTH Aachen

204. Inaba, N., Hiruma, T., Togayachi, A., Iwasaki, H., Wang, X. H., Furukawa, Y., Sumi, R., Kudo, T., Fujimura, K., Iwai, T., Gotoh, M., Nakamura, M. and Narimatsu, H. (2003). A novel I-branching beta-1,6-N-acetylglucosaminyltransferase involved in human blood group I antigen expression. Blood 101: 2870-2876.

205. Calderwood, M. A., Venkatesan, K., Xing, L., Chase, M. R., Vazquez, A., Holthaus, A. M., Ewence, A. E., Li, N., Hirozane-Kishikawa, T., Hill, D. E., Vidal, M., Kieff, E. and Johannsen, E. (2007). Epstein-Barr virus and virus human protein interaction maps. Proc.Natl.Acad.Sci.U.S.A 104: 7606-7611.

206. Coloma, M. J., Hastings, A., Wims, L. A. and Morrison, S. L. (1992). Novel vectors for the expression of antibody molecules using variable regions generated by polymerase chain reaction. Journal of Immunological Methods 152: 89-104.

207. Fassler, M., Zocher, M., Klare, S., de la Fuente, A. G., Scheuermann, J., Capell, A., Haass, C., Valkova, C., Veerappan, A., Schneider, D. and Kaether, C. (2010). Masking of transmembrane-based retention signals controls ER export of gamma-secretase. Traffic. 11: 250-258.

208. Teasdale, R. D. and Jackson, M. R. (1996). Signal-mediated sorting of membrane proteins between the endoplasmic reticulum and the golgi apparatus. Annual Review of Cell and Developmental Biology 12: 27-54.

209. Bretscher, A., Edwards, K. and Fehon, R. G. (2002). ERM proteins and merlin: integrators at the cell cortex. Nat.Rev.Mol.Cell Biol. 3: 586-599.

210. Swanson, K. A., Crane, D. D. and Caldwell, H. D. (2007). Chlamydia trachomatis species-specific induction of ezrin tyrosine phosphorylation functions in pathogen entry. Infection and Immunity 75: 5669-5677.

211. Barrero-Villar, M., Cabrero, J. R., Gordon-Alonso, M., Barroso-Gonzalez, J., Alvarez-Losada, S., Munoz-Fernandez, M. A., Sanchez-Madrid, F. and Valenzuela-Fernandez, A. (2009). Moesin is required for HIV-1-induced CD4-CXCR4 interaction, F-actin redistribution, membrane fusion and viral infection in lymphocytes. Journal of Cell Science 122: 103-113.

212. May, J. S., Walker, J., Colaco, S. and Stevenson, P. G. (2005). The murine gammaherpesvirus 68 ORF27 gene product contributes to intercellular viral spread. Journal of Virology 79: 5059-5068.

7. Anhang

7.1 Abbildungen

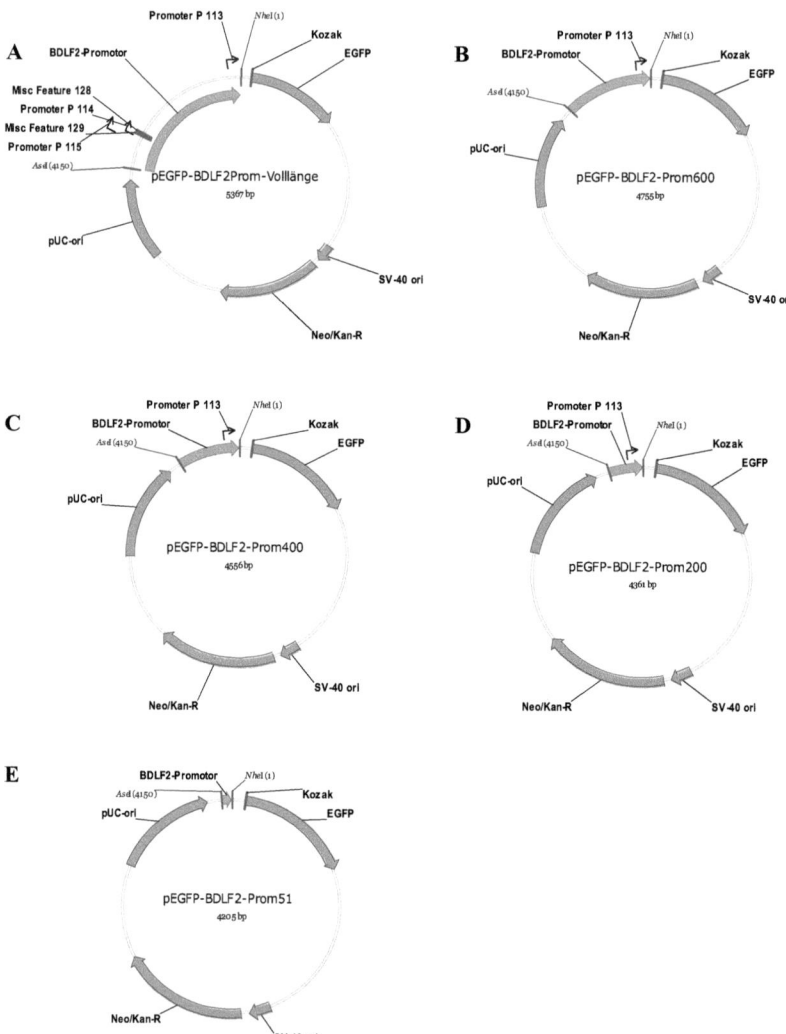

Abbildung A 1: Vektorkarten von Reportergenvektoren mit BDLF2-Promotor-Fragmenten. Dargestellt sind die Plasmide pEGFP-BDLF2-Prom-Volllänge (A), pEGFP-BDLF2-600bp (B), pEGFP-BDLF2-400bp (C), pEGFP-BDLF2-200bp (D) und pEGFP-BDLF2-50bp (E). Gezeigt sind, neben den offenen Leserahmen, die für die Klonierung verwendeten Restriktionsstellen.

Anhang

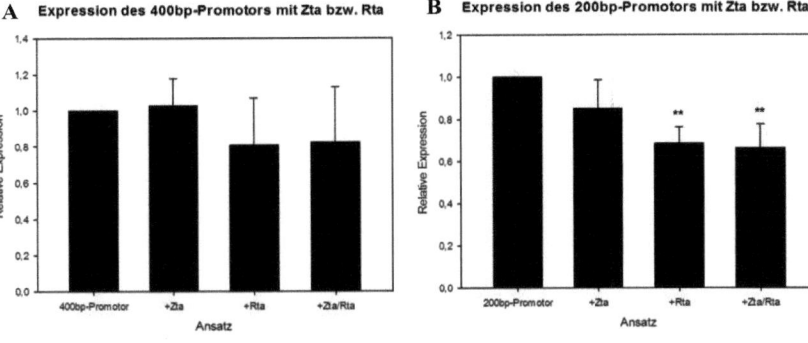

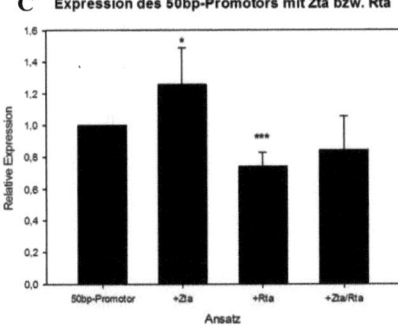

Abbildung A 2: Einfluss von Zta und Rta auf Expression von BDLF2-Promotor-Fragmenten. Das 400bp-, 200bp- bzw. 50bp-Fragment des BDLF2-Promotors wurden allein und mit Zta- und/oder Rta-Expressionsvektoren in BJAB-Zellen transfiziert. Die Expression wurde nach 24 h mittels FACS-Analyse bestimmt. Die Werte der Zta/Rta-Kotransfektionsansätze wurden jeweils auf die Werte des Promotors allein normalisiert. *p=0,067; ***p<0,001; **p<0,01

Anhang

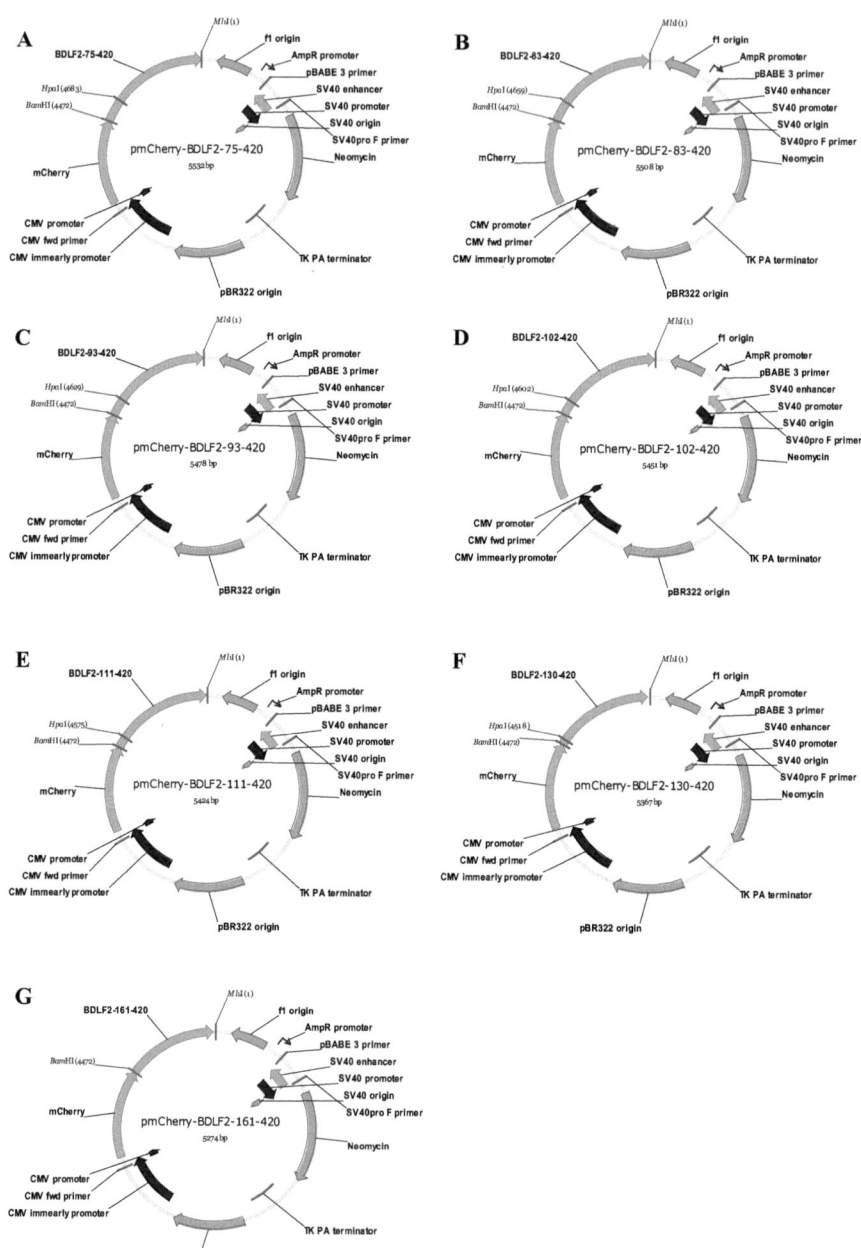

Abbildung A 3: Vektorkarten pmCherry-BDLF2-Verkürzungen. Dargestellt sind die Plasmide pmCherry-BDLF2-75-420 (A), pmCherry-BDLF2-83-420 (B), pmCherry-BDLF2-93-420 (C), pmCherry-BDLF2-102-

420 (D), pmCherry-BDLF2-111-420 (E), pmCherry-BDLF2-130-420 (F) und pmCherry-BDLF2-121-420 (G). Gezeigt sind, neben den offenen Leserahmen, die für die Klonierung verwendeten Restriktionsstellen, sowie eine *Hpa*I-Schnittstelle als Orientierungspunkt.

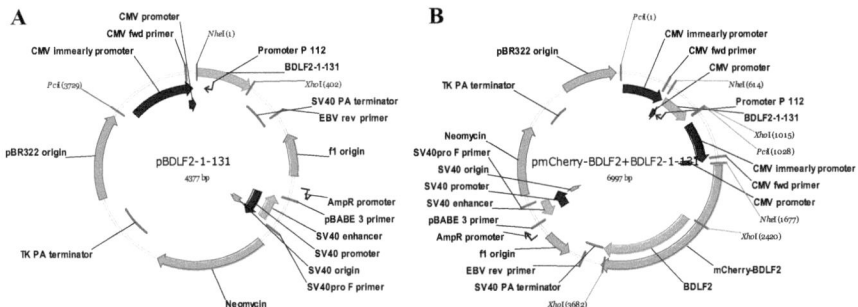

Abbildung A 4: Vektorkarten pBDLF2-1-131 und pmCherry-BDLF2+BDLF2-1-131. Dargestellt sind die Plasmide pBDLF2-1-131 (A) und pmCherry-BDLF2+BDLF2-1-131 (B). Gezeigt sind, neben den offenen Leserahmen, die für die Klonierung verwendeten Restriktionsstellen.

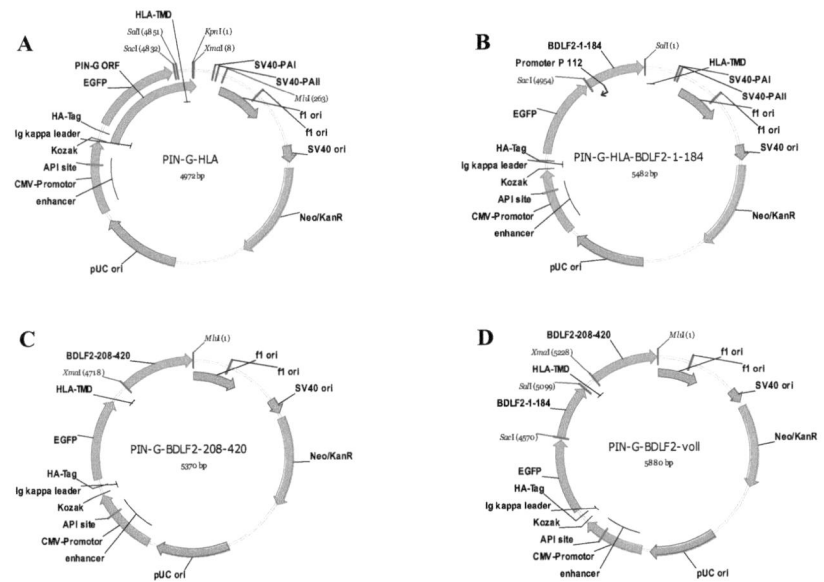

Anhang

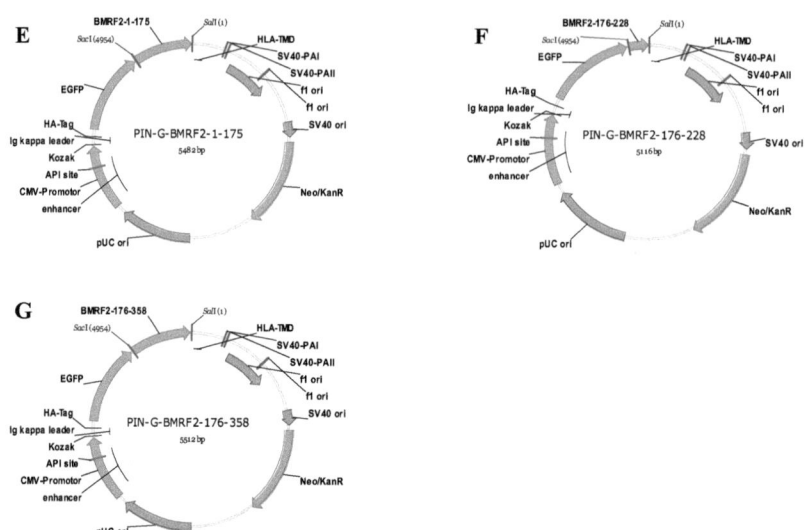

Abbildung A 5: Vektorkarten der pIN-G-Derivate. Dargestellt sind die Plasmide PIN-G-HLA (A), PIN-G-BDLF2-1-184 (B), PIN-G-BDLF2-208-420 (C), PIN-G-BDLF2-voll (D), PIN-G-BMRF2-1-175 (E), PIN-G-BMRF2-176-228 (F) und PIN-G-BMRF2-176-358 (G). Gezeigt sind, neben den offenen Leserahmen, die für die Klonierung verwendeten Restriktionsstellen.

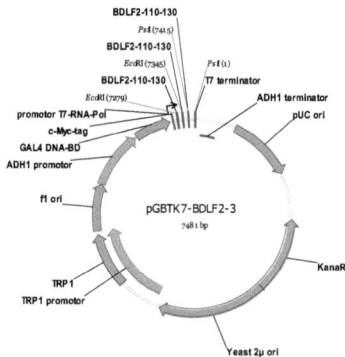

Abbildung A 6: Vektorkarte des *Yeast Two Hybrid bait*-Plasmids pGBKT7-BDLF2-3. Die Abbildung zeigt, neben den offenen Leserahmen, die für die Klonierung verwendeten Restriktionsstellen.

```
GENE ID: 54537 FAM35A | family with sequence similarity 35, member A
[Homo sapiens] (10 or fewer PubMed links)

 Score =  702 bits (380),  Expect = 0.0
 Identities = 382/383 (99%), Gaps = 0/383 (0%)
 Strand=Plus/Plus

Query  116   GGTTTTACAGAAGCATATGAAAGTGGACAAAACCAAGCATATTCCCTTGAACCTTTTAGT  175
             ||||||||||||||||||||||||||||||||||||||||||||||||||| |||||||
Sbjct  997   GGTTTTACAGAAGCATATGAAAGTGGACAAAACCAAGCATATTCCCTTGAACTTTTTAGT  1056

Query  176   CCTGTTTGTCCTAAAACAGAAAATAGCCGCATTCACATAAACTCTGATAAAGGTCTTGAA  235
             ||||||||||||||||||||||||||||||||||||||||||||||||||||||||||||
Sbjct  1057  CCTGTTTGTCCTAAAACAGAAAATAGCCGCATTCACATAAACTCTGATAAAGGTCTTGAA  1116

Query  236   GAACATACAGGATCTCAAGAACTTTTCAGTTCTGAAGATGAACTGCCACCAAATGAGATA  295
             ||||||||||||||||||||||||||||||||||||||||||||||||||||||||||||
Sbjct  1117  GAACATACAGGATCTCAAGAACTTTTCAGTTCTGAAGATGAACTGCCACCAAATGAGATA  1176

Query  296   CGTATTGAGTTGTGTAGCTCAGGAATACTGTGTTCCCAACTAAATACCTTCCACAAAAGT  355
             ||||||||||||||||||||||||||||||||||||||||||||||||||||||||||||
Sbjct  1177  CGTATTGAGTTGTGTAGCTCAGGAATACTGTGTTCCCAACTAAATACCTTCCACAAAAGT  1236

Query  356   GCTATTAAAAGAAGCTGTACCTCTGAAGATAAAGTGGGCCAGTCTGAAGCTCTATCTAGA  415
             ||||||||||||||||||||||||||||||||||||||||||||||||||||||||||||
Sbjct  1237  GCTATTAAAAGAAGCTGTACCTCTGAAGATAAAGTGGGCCAGTCTGAAGCTCTATCTAGA  1296

Query  416   GTCCTTCAAGTAGCTAAGAAAATGAAGTTGATTTCTAATGGAGGAGATTCTGCTGTAGAA  475
             ||||||||||||||||||||||||||||||||||||||||||||||||||||||||||||
Sbjct  1297  GTCCTTCAAGTAGCTAAGAAAATGAAGTTGATTTCTAATGGAGGAGATTCTGCTGTAGAA  1356

Query  476   ATGGATCGGAGAAATGTGTCTGA  498
             |||||||||||||||||||||||
Sbjct  1357  ATGGATCGGAGAAATGTGTCTGA  1379
```

Abbildung A 7: Ergebnis der BLAST-Analyse der isolierten *Yeast Two Hybrid-prey*-Sequenz. Nach erfolgreicher *Yeast Two Hybrid*-Analyse wurde das prey-Plasmid isoliert und mit Hilfe des T7-Primers sequenziert. Die ermittelte Sequenz wurde mittels BLAST identifiziert.

Anhang

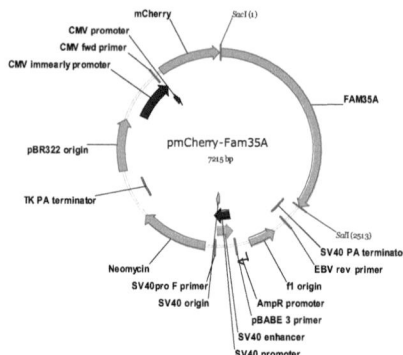

Abbildung A 8: Vektorkarte pmCherry-Fam35A. Gezeigt sind, neben den offenen Leserahmen des Plasmids pmCherry-Fam35A, die für die Klonierung verwendeten Restriktionsstellen.

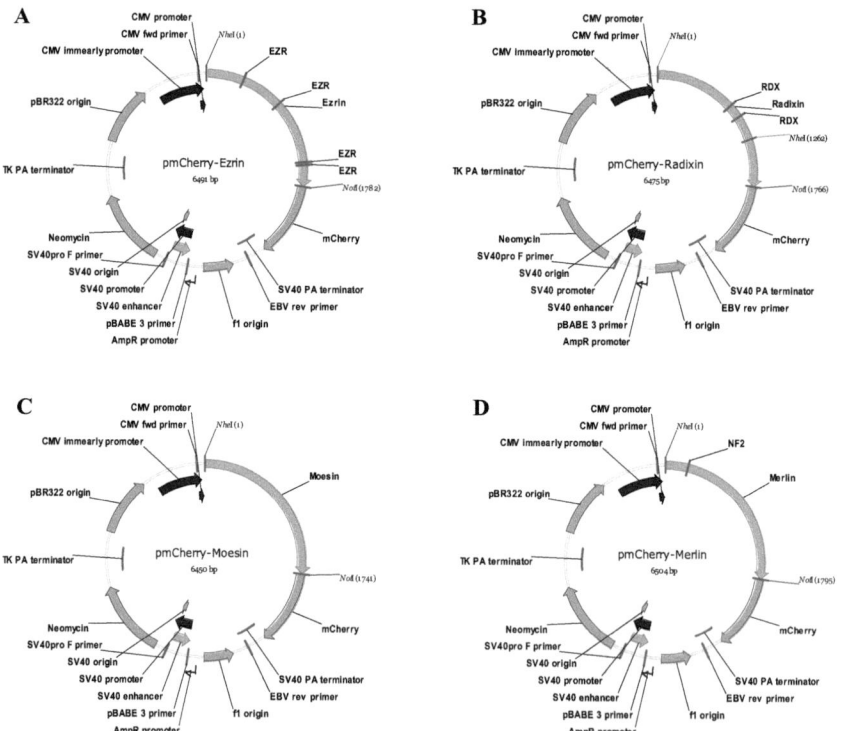

Abbildung A 9: Vektorkarten von pmCherry-Ezrin-, Radixin-, Moesin- bzw. Merlin-Plasmiden. Dargestellt sind die Plasmide pmCherry-Ezrin (A), pmCherry-Radixin (B), pmCherry-Moesin (C) und

Anhang

pmCherry-Merlin (D). Gezeigt sind, neben den offenen Leserahmen, die für die Klonierung verwendeten Restriktionsstellen.

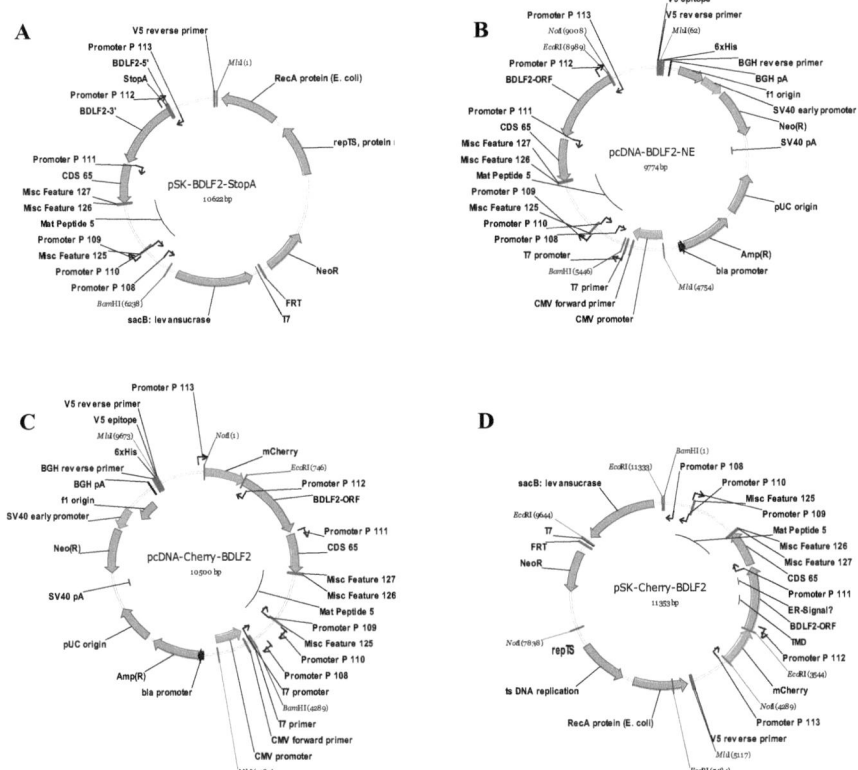

Abbildung A 10: Vektorkarten für BDLF2-BAC-Mutagenese. Das Plasmid pSK-BDLF2-StopA (A) wurde zur Herstellung einer ΔBDLF2-EBV-Mutante verwendet. Die Plasmide pcDNA-BDLF2-NE (B), pcDNA-Cherry-BDLF2 (C) und pSK-Cherry-BDLF2 (D) wurden zum Einfügen des mCherry-Leserahmens stromaufwärts des BDLF2 im EBV-BAC benötigt. Neben den offenen Leserahmen sind die, für die Klonierung verwendeten, Restriktionsstellen gezeigt.

Anhang

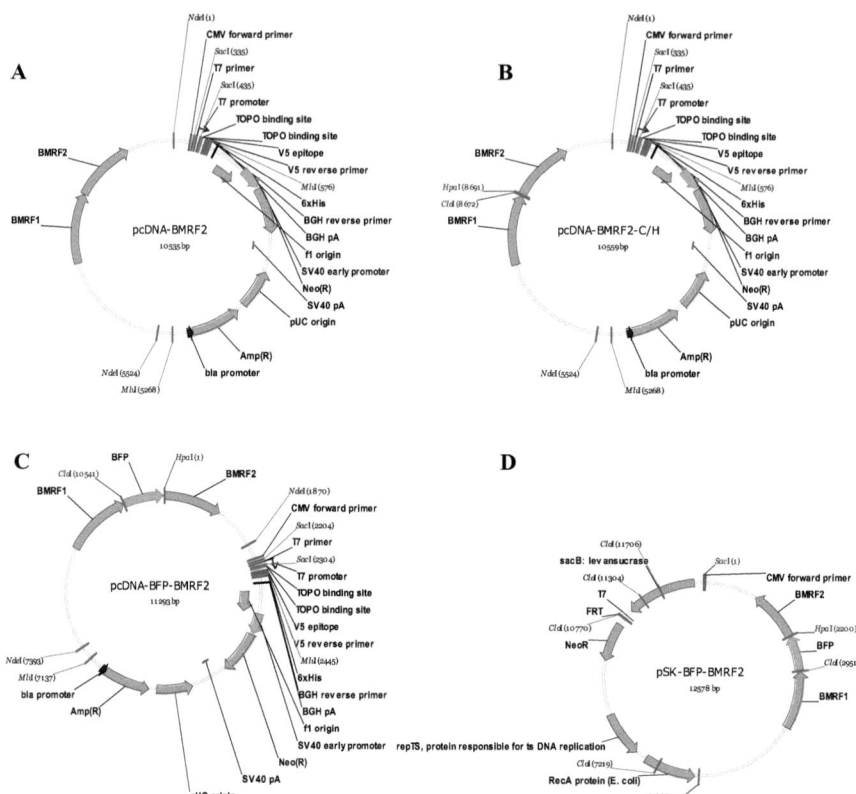

Abbildung A 11: Vektorkarten für BFP-BMRF2-BAC-Mutagenese. Die Plasmide pcDNA-BMRF2 (A), pcDNA-BMRF2-C/H (B), pcDNA-BFP-BMRF2 (C) und pSK-BFP-BMRF2 (D) wurden zum Einfügen des BFP-Leserahmens stromaufwärts des BMRF2 im EBV-BAC benötigt. Die pcDNA-BMRF2-Derivate sind nur in einer möglichen Orientierung gezeigt. Die Orientierung hat keinen Einfluss auf die folgenden Klonierungsschritte. Neben den offenen Leserahmen sind die, für die Klonierung verwendeten, Restriktionsstellen dargestellt.

Anhang

7.2 Abkürzungsverzeichnis

°	Grad
~	rund
%	Prozent
α	alpha
β	beta
γ	gamma
Δ	delta
κ	kappa
Ω	Ohm
μ	mikro
A	Ampere
A. bidest.	Aqua bidestilla
A. dest.	Aqua destilla
ADP	Adenosindiphosphat
AP-1	Aktivatorprotein 1
APS	Ammoniumpersulfat
AS	Aminosäure
ATF-2	*activating transciption factor 2*
ATP	Adenosintriphosphat
BAC	*bacterial artificial chromosome*
BDLF2	EBV-Protein, kodiert auf *Bam*HI-D-Fragment
BFP	*blue fluorescent protein*
BLAST	*Basic Local Alignment Search Tool*
BMRF2	EBV-Protein, kodiert auf *Bam*HI-M-Fragment
bp	Basenpaare

BSA	*bovine serum albumin* (Rinderserumalbumin)
bZIP	*basic leucine zipper*
BZLF1	kodiert Zta des EBV
bzw.	beziehungsweise
c	Konzentration
C	Celsius
C-	Carboxy-
CBP	CREB *binding protein*
CD	*cluster of differentiation*
cDNA	*copy desoxyribonucleic acid*
C/EBP	*CAAT/Enhancer binding protein*
cm	Zentimeter
CMV	Cytomegalovirus
CO_2	Kohlenstoffdioxid
cos	Cosmid
Cp	Promotor auf dem C-Fragment von EBV
dATP	Desoxyadenosintriphosphat
dGTP	Desoxyguanidintriphosphat
Dig	Digoxigenin
DMEM	Dulbecco's Modified Eagle's Medium
DMSO	Dimethylsulfoxid
DNA	*desoxyribonucleic acid* (Desoxyribonukleinsäure)
DNase	Desoxyribonuklease
dNTP	Desoxynukleotidtriphosphate
ddNTP	Didesoxynukleotidtriphosphat
DsRed	*Discosoma Red Fluoresent Protein*

DTT	Dithiothreitol
dTTP	Desoxythymidintriphosphat
dUTP	Desoxyuraciltriphosphat
EBER	Epstein-Barr Virus *encoded RNA*
EBNA	Epstein-Barr Virus *nuclear antigen*
EBP50	ERM-bindendes Protein, Molekulargewicht von 50 kD
EBV	Epstein-Barr Virus
E. coli	*Escherichia coli*
ECL	*enhanced chemiluminescence*
EDTA	Ethylendiamintetraessigsäure
EGFP	*enhanced green fluorescent protein*
ER	Endoplasmatisches Retikulum
ERM	Ezrin, Radixin, Moesin
ERMAD	ERM-Assoziationsdomäne
et al.	et alii
F	Faraday
FACS	*Fluorescence activated cell sorter*
FAK	*focal adhesion kinase*
Fam35A	*family with sequence similarity 35, member A*
FERM	*band 4.1, ezrin, radixin, moesin homology*
FKS	fetales Kälberserum
g	Erdbeschleunigung
g	Gramm
GAP	*GTPase-activated protein*
GAPDH	Glycerinaldehyd-3-phosphat-Dehydrogenase
GDI	*guanine nucleotide dissociation factor*

GDP	Guanosindiphosphat
GEF	*gunanine nucletotide exchange factor*
GFP	Grün-fluoreszierendes Protein
Glc	Glukose
GlcNac	N-Acetylglukosamin
gp	Glycoprotein
GST	Glutathion-S-Transferase
GTP	Guanosintriphosphat
h	Stunde
HA	Hämagglutinin
HBV	Hepatitis B Virus
HBx	Hepatitis B Virus Protein x
HCl	Salzsäure
HEK	*human emryonal kidney*
HHV-4	humanes Herpesvirus 4
HIV	Humanes Immundefizienz-Virus
HLA	Humanes Leukozytenantigen
HRP	*horse radish peroxidase*
HSV	Herpes simplex Virus
ICAM	Interzelluläres Adhäsionsmolekül
Ig	Immunglobulin
IL	Interleukin
IP	Immunpräzipitation
IR	*internal repeat*
JAK	Janus-Kinase
KCl	Kaliumchlorid

kD	Kilodalton
K_2HPO_4	di-Kaliumhydrogenphosphat
l	Liter
L	Ligand
LB	Luria Bertani
LMP	latentes Membranprotein
LPS	Lipopolysaccharid
m	milli
m	Meter
M	Molar
MALDI-TOF	*matrix-assisted laser desorption ionization/time of flight*
Man	Mannose
MAP-Kinase	Mitogenaktivierte Proteinkinasen
mDia	*Mammalian Diaphanous-related formins*
$MgCl_2$	Magnesiumchlorid
$MgSO_4$	Magnesiumsulfat
MHV-68	Murines Herpesvirus 68
min	Minute
MLC	*myosin light chain*
mRNA	*messenger* RNA
n	nano
N-	Amino-
NaCl	Natriumchlorid
NaF	Natriumfluorid
NaOH	Natriumhydroxid
Na_2HPO_4	Di-Natrium-Hydrogenphosphat

Anhang

NCBI	*National Center for Biotechnology Information*
NFAT	*nuclear factor of activated T-cells*
NFκB	*nuclear factor* κB
OD	optische Dichte
ORF	*open reading frame*
OriLyt	Replikationsursprung des lytischen Zyklus von EBV
OriP	Replikationsursprung des EBV-Episoms
p	pico
PAGE	Polyacrylamidgelelektrophorese
PAK	p21-aktivierte Kinase
PBS	*phosphate buffered saline*
PCR	*polymerase chain reaction*
PDGFR	*platelet derived growth factor receptor*
PFA	Paraformaldehyd
PI4P5K	Phosphatidylinositol-4-Phosphat-5-Kinase
PIP_2	Phosphatidylinositol-4,5-bisphosphat
PKC	Proteinkinase C
PKR	Proteinkinase R
PLC	Phospholipase
PMSF	Phenylmethansulfonylfluorid
pRb	Retinoblastom-Protein
PRV	Pseudorabies Virus
PVDF	Polyvinylidendifluorid
Qp	Promotor des Q-Fragments von EBV
RGD	Arginin-Glycin-Asparaginsäure
RFP	*red fluorescent protein*

RIPA	Radio-Immunopräzipitations-Puffer
RNA	*ribonucleic acid* (Ribonukleinsäure)
RNase	Ribonuklease
Rp	BRLF1-Promotor
rpm	*rounds per minute*
RRE	*Rta response element*
RSV	Respiratorisches Synzytienvirus
RT	Reverse Transkriptase
s	Sekunde
SDS	Natrium-Dodecyl-Sulfat
STAT	*signal transducer and activator of transcription*
SSC	*standard saline citrat*
SV-40	Simian Virus 40
t	Zeitkonstante
Taq	*Thermus aquaticus*
TAE	Tris-Acetat-EDTA
TBE	Tris-Borsäure-EDTA
TBS	*tris buffered saline*
TBST	TBS + Tween 20
TE	Tris-EDTA
TEMED	N,N,N,N-Tetra-methylethylendiamin
TM	Trockenmilch
TMD	Transmembrandomäne
TNF	Tumornekrosefaktor
TPA	12-*O*-tetra-decanoyl-phorbol-13-Acetat
Tris	Trishydroxymethylaminoethan

Anhang

U	Unit
u. a.	unter anderem
V	Volt
VASP	*vasodilator-stimulated phosphoprotein*
VSV	*vesicular stomatis virus*
v/v	*volume/volume*
VV	Vaccinia Virus
VZV	Varizella-Zoster Virus
w/v	*weight/volume*
WASP	*Wiskott-Aldrich syndrome protein*
WAVE	*WASP family Verprolin-homologous*
Wp	Promotor auf dem W-Fragment von EBV
WT	Wildtyp
YLLV	Tyrosin-Leucin-Leucin-Valin
z. B.	zum Beispiel
Zp	BZLF1-Promotor
ZRE	*Zta response element*

DANKSAGUNG

Herrn Prof. Dr. Klaus Ritter danke ich für die Möglichkeit meine Doktorarbeit an seinem Institut durchführen zu können sowie für die schnelle Korrektur dieser Arbeit und die Erstellung diverser Gutachten während meiner Doktorarbeit.

Herrn Prof. Dr. Rainer Fischer danke ich für die Übernahme des Zweitgutachtens.

Ich danke der RWTH Aachen und dem Deutschen Akademischen Austauschdienst für die finanzielle Unterstützung während meiner Forschungstätigkeit.

Bei Herrn PD Dr. Michael Kleines bedanke ich mich für die einzigartige praktische Betreuung während der letzten fünf Jahre, tausende Korrekturen, viele produktive Diskussionen und diverse Aufmunterungen.

Ein großer Dank gilt auch Sharof Tugizov und seiner Arbeitsgruppe, die mich herzlich aufgenommen haben. Die gemeinsame Arbeit hat einige sehr gute Ergebnisse hervor gebracht.

Stefano Di Fiore danke ich für viele schöne Bilder und die Zeit, die er dafür investiert hat.

Ich danke allen Mitarbeitern, Diplomanden, Doktoranden und Praktikanten des Instituts für die gute Zusammenarbeit und die Hilfe bei vielen Versuchen. Ein besonderer Dank gilt Esther Groth, die mir eine gute Freundin geworden ist und es hoffentlich trotz der zukünftigen Entfernung bleibt.

Ein großer Dank an meine Mädels - einfach weil sie da waren.

„Meiner Nina" widme ich jedes „Moesin" in dieser Arbeit. Danke, dass du mir immer zugehört, dich immer mit mir geärgert und gefreut hast. Danke für jede Präsentations-Probe, jedes Schokoladenstück und jede Kaffeepause und inzwischen jedes Telefonat und jeden Besuch.

Meiner Familie danke ich für alles andere. Ohne sie hätte ich es nicht bis hierhin geschafft.

i want morebooks!

Buy your books fast and straightforward online - at one of world's fastest growing online book stores! Environmentally sound due to Print-on-Demand technologies.

Buy your books online at
www.get-morebooks.com

Kaufen Sie Ihre Bücher schnell und unkompliziert online – auf einer der am schnellsten wachsenden Buchhandelsplattformen weltweit! Dank Print-On-Demand umwelt- und ressourcenschonend produziert.

Bücher schneller online kaufen
www.morebooks.de

VDM Verlagsservicegesellschaft mbH
Heinrich-Böcking-Str. 6-8
D - 66121 Saarbrücken

Telefon: +49 681 3720 174
Telefax: +49 681 3720 1749

info@vdm-vsg.de
www.vdm-vsg.de

Printed by Books on Demand GmbH, Norderstedt / Germany